中国城镇
治理新场景

"基层社会治理与协同创新"
中国镇长论坛实录

吴兰玉　靳　勤　编著

SPM
南方传媒　广东人民出版社
·广州·

图书在版编目（CIP）数据

中国城镇治理新场景："基层社会治理与协同创新"中国镇长论坛实录 / 吴兰玉，靳勤编著.—广州：广东人民出版社，2024.6
ISBN 978-7-218-17401-3

Ⅰ.①中… Ⅱ.①吴… ②靳… Ⅲ.①小城镇—城市规划—中国 Ⅳ.①TU984.2

中国国家版本馆CIP数据核字（2024）第045433号

ZHONGGUO CHENGZHEN ZHILI XINCHANGJING：
"JICENG SHEHUI ZHILI YU XIETONG CHUANGXIN" ZHONGGUO ZHENZHANG LUNTAN SHILU

中国城镇治理新场景："基层社会治理与协同创新"中国镇长论坛实录

吴兰玉　靳　勤　编著　　　　　　　　　　　　　版权所有　翻印必究

出　版　人：肖风华

责任编辑：赵　璐　麦永全
责任技编：周星奎
装帧设计：书窗设计

出版发行：广东人民出版社
地　　址：广州市越秀区大沙头四马路10号（邮政编码：510199）
电　　话：（020）85716809（总编室）
传　　真：（020）83289585
网　　址：http://www.gdpph.com
印　　刷：广州市豪威彩色印务有限公司
开　　本：787mm×1092mm　1/16
印　　张：13　字　　数：220千
版　　次：2024年6月第1版
印　　次：2024年6月第1次印刷
定　　价：68.00元

如发现印装质量问题，影响阅读，请与出版社（020-85716849）联系调换。

《中国城镇治理新场景 ——"基层社会治理与协同创新"中国镇长论坛实录》

目 录

序言一 / 001

序言二 / 006

镇·见 / 009

第 1 季　人文镇兴　美好同行 / 011

城镇村企联动　实现乡村振兴　范恒山 / 014

新特镇　新规则　仇保兴 / 020

善治是当今世界最根本的竞争主题　金　碚 / 025

以空间品质驱动乡村振兴　杨开忠 / 028

乡村振兴与城乡融合　肖金成 / 032

对乡村振兴与社会治理的几点思考　董磊明 / 036

城镇政府在乡村振兴中的探索与创新　马红屏　范宇豪　刘志平　靳　勤 / 040

第 2 季　精细善治　镇兴中国 / 049

现代化治理体系中的乡镇与乡镇的现代化治理　范恒山 / 051

小镇春秋——从小城镇发展历程看小镇治理　沈　迟 / 056

城市基础服务对区域经济发展的影响　张学良 / 061

城投类公司的转型升级　刘文彬 / 064

大物业助力城市综合治理　吴兰玉 / 068

如何提升城镇社会发展治理水平　刘志平　李志杰　田树强　靳　勤 / 071

第3季　镇通人和　美丽中国 / 079

社区的力量　张大卫 / 081

"三新"背景与"三维"视角下城市（镇）治理创新的八个要点　范恒山 / 086

城镇化的新阶段：城镇城市化　洪银兴 / 090

地方品质与区域经济发展　杨开忠 / 094

国外先进社会治理理念与模式借鉴　张学良 / 097

三年、三问、三答　吴兰玉 / 102

公益慈善与乡镇社会治理　邱　哲 / 106

全域治理：基层治理现代化的路径　张丙宣 / 110

政社协同　四能智聚——"美丽镇域"南浔模式　郭楼儿 / 114

如何提升社会治理精细化水平　张丙宣　郭楼儿　靳　勤 / 119

第4季　全芯全域　善治善城 / 125

加快建设共建共治共享的社会治理共同体　胡增印 / 127

网格化管理模式与数字化转型　仇保兴 / 131

提高市域社会治理能力的基点与路径　范恒山 / 135

城市更新与空间治理　唐亚林 / 140

聚焦制高点，构建示范区，形成能量场——全域治理的保利探索和实践　吴兰玉 / 147

探索全域服务治理新模式　破解超大城市治理难题　尹自永 / 152

如何用绣花功夫讲好城市名片故事　张学良　李　然　张海斌　蔡　莹　姚玉成 / 157

未来城市、未来街区如何满足人民高质量需求

陈晓运　瞿新昌　熊志伟　廖敏超　王妙妙 / 168

镇·智 / 179

保利物业：大物业时代的红色"星火"　吴兰玉　韦中华　张　菓 / 180

全域服务，助力破解"县域治理"难题　靳　勤 / 186

数字技术赋能"镇域治理"　助力"乡村振兴"　靳　勤　张世良 / 190

镇·迹 / 195

后　记 / 200

序言一

范恒山

习近平同志指出："基层强则国家强，基层安则天下安，必须抓好基层治理现代化这项基础性工作。"党的十八大以来，中央持续推动国家治理体系和治理能力现代化，并将基层社会治理提升到一个新的高度。党的十九届四中全会要求，推动社会治理和服务重心向基层下移，把更多资源下沉到基层，更好提供精准化、精细化服务。2021年7月，中共中央、国务院专门印发了《关于加强基层治理体系和治理能力现代化建设的意见》，强调基层治理是国家治理的基石，统筹推进乡镇（街道）和城乡社区治理，是实现国家治理体系和治理能力现代化的基础工程，并对加强基层治理体系和治理能力现代化建设作出了系统部署。

位于基层的小城镇，在基层社会治理领域发挥着重要的、特殊的作用。小城镇一头连着城市，一头连着乡村，亦城亦乡，在推进城乡融合的背景下，既承担着消除城乡二元结构"最佳试验田"的职责，又肩负着打造城乡元素和谐共存格局"适宜示范者"的重任。由于所涉及的领域和关系十分广泛和复杂，小城镇发展所面对的新情况、新问题不断涌现，应对的新思路、新举措也竞相推出，一体构成了基层社会治理领域内涵丰富、外延宽广的"新场景"。

在国家大力推进新型城镇化和乡村振兴战略的过程中，小城镇发展获得各级党委和政府的高度重视与积极支持。一些地方着力开展优化社会治理、提升公共服务水平的探索，形成了许多新的经验与成就。例如，浙江省面向全省1000多个小城镇开展环境综合整治行动，对标"环境美、生活美、产业美、人文美、治理美"，到2018年时已经出现了一批具有典范意义的"美丽城镇"。不过，虽然小城镇的社会治理实践探索取得了较好的进展，但彼时相关的理论梳理和学术提炼尚未深入开展。推动小城镇高质量发展，特别是创新社会治理模式和推进公共服务水平提升，需要政、产、学、研各界协力推动和共商良策。基于对小城镇治理的共同关注与高度的社会责任感，中国区域科学协会、中国区域经济学会、上海财经大学和保利发展控股集团等单位汇聚在一起，于2018年举办了第一届中国镇长论坛，开启了各方协同对这一主题进行实践总结、政策探讨和学术研析的先河。第一届镇长论坛成功举办之后，第二、三、四届相继推出，国家发展改革委中国城市和小城镇改革发展中心、国际合作中心也相继成为论坛活动的主办方。从第一届镇长论坛的策划和筹备开始，我就受邀参与其中，一直到2023年举办的第四届。透过这个窗口，我见证了全国各地小城镇治理实践领域创新成果的"百花齐放"，也感受到中国基层社会治理政策演进、治理理论创新与时代发展的"同频共振"。

4届镇长论坛的举办地，涵盖了长三角、珠三角等中国城镇社会治理领域探索实践最前沿的地区。作为基层社会治理协同创新的重要交流平台，镇长论坛的品牌影响力不断提升，它从实践和理论两个层面展现了独特的魅力和价值。

镇长论坛为小城镇治理的实践创新提供了有益的镜鉴。我国小城镇数量众多、类型多样，在创新性社会治理实践中积累了各具特色的经验。如果加以集汇，就能形成一个丰富多彩的"案例库"，成为各地城镇治理的重要参考。在4届镇长论坛上，来自浙江、江苏、辽宁、广东、上海等地的城镇（街道）的工作者，带来了基层治理一线的最新做法和操作体验，不少内容令与会者耳目一新。另外，论坛组织者对每一届会议的举办地点和考察项目都做了精心选择和周到安排，与会人员能从中直接感受到社会治理创新的形态与成效。各地在实践中探索出来的新思维、新模式和新经验，成了相互碰撞、相互启发、相互借鉴的有益资源，也成了深化城镇治理创新的坚实基础。

镇长论坛为小城镇治理的思想理论创新提供了良好的条件。小城镇作为新时代基层社会治理领域的"新场景",其深层探索亟需正确的理论指导。为推动基层社会治理实践与理论的协调发展,每届镇长论坛都邀请高校、研究机构的专家学者莅临现场谈思论道,他们的最新研究成果给了实践者们多方面的启迪。反过来,来自小城镇的"操盘手"们所反馈的问题与需求,也为专家学者们的深入研究指引了方向,理论和实践因此得到了更好地结合。随着镇长论坛的持续举办,专家学者关注的重点也在向深层转化。例如,在第一届镇长论坛上,一些专家较为重视推进城镇公共服务的"散点式"开拓;而从第三届镇长论坛开始,多位专家的兴趣点则转向了推动城镇全域服务的"集成式"创新。

通过创新实践和前沿理论的分享,镇长论坛为我们描绘了一幅"善治城镇、大美中国"的图景。未来城镇治理特别是小城镇治理将走向何方?党的二十大报告系统阐述了中国式现代化的图景,并明确提出"高质量发展是全面建设社会主义现代化国家的首要任务"。作为基层社会治理的重要类型,小城镇治理也应紧扣高质量发展的要求,以自身的创新性成果丰富中国特色社会治理体系的建设实践,为提升国家治理能力现代化乃至实现中国式现代化作出贡献。

如何推动城镇治理现代化?基于时代特征、国家意志和实践经验,我认为特别需要做好5个方面的协同。

一是政府与社会的协同。党的十九届四中全会提出,必须加强和创新社会治理,完善党委领导、政府负责、民主协商、社会协同、公众参与、法治保障、科技支撑的社会治理体系,建设人人有责、人人尽责、人人享有的社会治理共同体。小城镇是改革发展稳定的前沿地带,是各项政策事务的落脚点,是各种矛盾与问题的聚集所,建设社会治理共同体显得尤为重要。单靠政府的力量,难以应对包罗万象、诉求多元、复杂多变的基层社会问题,只有政府与社会协同形成"多元共治",才能基于力量、手段、机制等多维度做到相互补充、有机组合和无缝衔接,从而全面实现小城镇的个性化、精细化和效率化治理。

二是县域与市域的协同。小城镇并非孤立的地区系统,而是与县域、市域联为一体。小城镇连接着县城,县城连接着大中城市,梯次形成了一个空间范围不断扩大的"场域"。一般来说，小城镇直接隶属于县域，其治理与县域治理紧密相依。但由于县域的局限性，现代城市治理中的先进理念、创新经验、丰富资源难以有效输送到小城镇，解决这个问题就需要市域和县域协同。通过城乡统筹，借助经济社会各重要领域的统一规划和建设，一体打造市县社会治理体系，从而为推进小城镇治理现代化提供强有力的"全域化"支撑基础。

三是生产与生活、生态的协同。产业是支撑小城镇可持续发展的重要基础，为此需要构建推动产业发展的良好生产环境。但小城镇并非单纯从事生产的"产业园区"，而是一个涵盖生产、生活、生态的"综合功能体"。一些城镇在打造良好生产条件方面下足了功夫，但同时也应注重舒适的生活环境和优美的生态环境的构建。今天的投资者在选择产业发展区域时，往往会把生活与生态环境作为重要考量因素，因此生活环境、生态环境也是营商环境的重要内容。小城镇治理要树立系统思维，通过有效的手段推动生产、生活、生态功能的协同构建和一体提升。

四是"硬治理"与"软服务"的协同。依照法律法规是实施社会治理的首要原则和基本遵循。依法治理具有强制性特征，是一种"硬治理"，在小城镇的治理场景中，这种"硬治理"是不可或缺的。但是，仅仅通过"硬治理"很难解决全部问题和化解所有矛盾，如果使用不当，还可能扩大问题、激化矛盾。除了实施强制性的"硬治理"外，还需要强化非强制性的"软服务"，即高度关注人的群体要求、个体感受、多元诉求，通过社区议事、居民恳谈、"微信"释惑、现场办公等多种形式畅通群众参与社会治理的渠道，及时为普通老百姓排忧解难。"硬治理"和"软服务"相结合，才能满足多元化场景的治理需要。在"软服务"方面，专业的服务机构可以成为政府的有力帮手，政府应积极推动它们以高水平的公共服务参与基层社会治理。

五是传统资源与现代手段的协同。小城镇的社会治理，既可以在传统治理资源中挖掘宝矿，又能够在现代科技潮流中获取能量。习近平同志指出："治理国家和社会，今天遇到的很多事情都可以在历史上找到影子，历史上发生过的很多事情也都可以作为今天的镜鉴。"我国传统文化中的乡规、乡情、乡义、乡礼等是实施小城镇治理的丰富传统资源，应大力挖掘、合理继承和有效运用。新的科技革命的蓬勃兴起，为小城镇引入现代治理手段特别是数字技术手段提供了条件。把线下的网格化治理和线上的智慧平台运作加以融合，以"智治"推动城镇"善治"，不仅会显著提升治理的及时性和有效性，也将大大增强群众的感知度和参与度。传统治理资源和现代治理手段并不矛盾，有机融合将受益无穷。这方面一个生动的例证是，20世纪60年代，浙江省枫桥镇秉持中国传统"和合"理念，充分依靠群众，运用调解、评理等方式化解基层矛盾，创造了著名的"枫桥经验"。今天枫桥镇借助数字化手段、智慧化平台在社会治理中实行"五个坚持"，又创造了新时代的"枫桥经验"。"枫桥经验"值得各地学习借鉴，也值得理论工作者总结研究。

在前4届镇长论坛上，数十位理论与实际工作者发表了真知灼见。他们的演讲主题和讨论观点，反映了中国新型城镇化探索特别是小城镇治理的前沿理论与实践成果。为了使之更为广泛地惠及社会，保利物业、上海财经大学、南方杂志社等联袂行动，将这些成果加以整理并结集付梓。我虽然曾在现场分别聆听这些演讲，但现在一并重新阅读后，更觉得内容丰富、见解深刻，有如一颗颗散落的珠子串成了一条华美的项链，给人以新的视觉感受和心灵冲击。这些思想见解和实践案例值得关注与重视。诚挚期待本书的出版发行，为致力于推进治理体系和治理能力现代化，特别是基层治理现代化的人们提供积极的帮助和有益的启示。

（作者系经济学家，国家发展和改革委员会原副秘书长）

序言二

张学良

    基层治理是国家治理的基石。习近平总书记指出，"要在加强基层基础工作、提高基层治理能力上下更大功夫"。党的二十大提出要"完善社会治理体系"并作出相关部署。完善基层社会治理体系，推动基层治理现代化，对夯实国家治理根基，推进国家治理体系和治理能力现代化有着重要意义。但基层社会治理涉及千头万绪的具体工作，模糊性和碎片化治理引发的基层政府高负荷运转、基层干部负担过重等问题尤为突出。此外，中国地域广袤，各城镇的经济发展水平、社会结构、资源禀赋存在一定差异，基层治理可谓是"千镇千面"。因而，城镇基层治理面临着治理对象分散化、治理结构碎片化和治理事务复杂化等问题。学术界相关理论研究当前尚处于起步阶段，城镇治理的发展趋势需要进一步明晰，城镇治理的碎片化经验需要系统性梳理，城镇治理的创新性可复制经验需要完整性提炼，城镇治理的举措与方法需要观念性革新。新时代新征程对加强和创新基层社会治理提出了新的更高要求，我们也要顺应时代发展要求，不断深化对基层治理的理论与实践探索。

    镇长论坛，由政界、学界、企业界等多方主体共同举办。从在浙江嘉善举办的、以"人文镇兴，美好同行"为主题的第一届，到在上海宝山举办的、以"精细善治，镇兴中国"为主题的第二届，再到在江苏无锡举办的、以"镇通人和，美丽中国"为主题的第三届，最后到在广东广州举办的、以"全芯全域，善治善城"为主题的第四届，上海财经大学作为主办单位之一，连续4届参与筹办镇长论坛，旨在搭建政界、学界、企业界多方交流的平台，共同探索基层社会治理新思路，交流推广城镇治理经验。自2017年开始，上海财经大学研究团队就与保利物业进行深入沟通交流，内容主要围绕如何把大学智库的思想理念，特别是研究团队提出的全域公共服务治理理念与城市治理"见人、见物、见空间"思想在政府与企业层面有机结合，用市场的逻辑解决政府的关切。从全域公共服务治理理念的提出，到保利物业"全域服务"的践行，再通过论坛的方式固化，邀请各位镇长和各级官员与会讨论，是一次政产学研用相互融合的有益探索。

立足新发展阶段、贯彻新发展理念、构建新发展格局，推动高质量发展，需要基层治理及时回应基层社会变化提出的新要求，强化基层治理理论创新，使社会治理的基础更牢固、更坚实。4届镇长论坛上，我们不仅邀请了中央部委的学者型官员与地方政府的管理者参会分享和介绍经验，还邀请了来自复旦大学、南京大学、浙江大学、北京师范大学等高校的研究公共服务、社会治理前沿领域的众多专家学者，研判和解析了城镇治理的新趋势、新模式与新理念。在4届镇长论坛所跨越的6年时间中，学术界对基层社会治理的关注从"具体的点"走向了"综合的面"；大物业企业协同政府基层社会治理也已经从"公共服务"迈向"全域服务"。在镇长论坛现场的互动交流过程中，与会的各位专家学者在进行学术对话的同时，也收获了日常研究中难以听到、不易看到、意想不到的来自基层一线的实践经验和最新信息。在论坛后的调研活动中，各位专家学者前往浙江嘉善、上海罗店、江苏无锡、广州海珠等社会治理标杆地区，亲身感受和体验基层社会治理创新带来的新面貌与新气象。镇长论坛不仅为与会专家学者提供了一个互动交流的平台，还提供了实践调研的宝贵机会，让专家学者真切参与到基层社会治理的"共建、共治、共享"之中。

贴近一线实践，推动理论与实践的螺旋式发展是学术理论研究的开放姿态。为了探索基层社会治理的创新趋势，学术研究的视野需要更加广阔，不只是关注国内的实践，同时也关注国外的实践。近年来，上海财经大学研究团队始终以开放的眼光持续关注国际城镇发展的先进经验。为贯彻落实中央新型城镇化和乡村振兴战略部署，助力中国特色小镇持续健康发展，研究团队特成立世界特色小镇课题组，对国内外特色小镇发展模式展开深入研究，并面向公众发布相关研究成果，目前已形成全球上百个小镇的案例集，即将出版相关书籍和研究报告。上海财经大学研究团队对国际、国内小镇案例的系列研究，不仅为镇长论坛广度、深度的延展提供了学术资源支持，而且有效发挥了高校智库与企业合力，一起谱写出一张具有中国范式、中国故事与中国特色的，在特定物理空间、经济空间、地理空间、行政文化空间"见人、见物、见空间"的响亮的中国名片。

在4届镇长论坛过程中，我的两次现场分享都与国际城镇治理的创新经验有关。西方国家基层社会治理具有较长的发展历史，形成了较为完善的治理体系与模式。我们可以充分吸收和借鉴其中诸多有益做法、有效经验，加快推进基层社会治理现代化。同时，当前国际上城镇基层治理的一些先进理念与创新做法，也值得我们及时关注，可为国内基层社会治理的实践创新提供一定的参考和借鉴。

镇长论坛举办期间，我在现场和一些参会的镇长深入交流的过程中也发现，很多镇长在基层社会治理中都有深刻的心得体会，并且有很强烈的创新意识和开拓意识。为了让镇长论坛的研讨成果能够被更多关注城镇基层治理的人所共享，我们将4届镇长论坛的研讨成果结集成册，希望能够对具有中国特色的城镇基层社会治理的创新探索提供一些启发和借鉴。

若书有所益、读有所得、传有所据，则夙兴夜寐，亦值矣。

谨此为序。

（作者系上海财经大学城市与区域科学学院院长、上海财经大学长三角与长江经济带发展研究院执行院长）

镇·见

2023年6月，广州迎来了全国20多个省市的城镇治理主官共计300余人，来自政、产、学、研各界的专家学者、实践探索者济济一堂，在第四届镇长论坛中共同探讨中国式现代化背景下的城镇治理现代化与高质量发展路径。一位镇长深有感触地说："感谢镇长论坛，为我们提供了一个多方交流的平台，也为我们提供了借鉴参考国内先进经验的机会。"

从2018年镇长论坛在浙江嘉兴落地，到2023年已是第四届。这4届镇长论坛共有来自全国上千位的城镇、街道治理主官参与其中，已成为"我们镇长的论坛"。2018年到2023年，正是国家政策方针密切关注城镇发展、乡村振兴的时期。从党的十九大报告中提出的乡村振兴战略，到党的二十大报告中提出的中国式现代化，新型城镇化进入新时代新征程，步入高质量发展的快车道，城镇和乡村获得了更加绵密的政策支持。镇长论坛的举办，正是响应了国家政策号召，顺应了时代的呼唤。

新时代新征程，乡村、城镇社会经济的高质量发展，不仅是经济和产业的发展，同时也是社会治理和公共服务的进步。城镇作为基层社会治理的重要单元，包含基层社会治理领域多层次、多主体、多方面的复杂性社会问题，这些问题必须在基层治理现代化和城乡一体发展中得到解决。要实现城镇基层社会治理的现代化，仅靠政府的力量，难以实现精细化治理，需要居民、社会组织、专业机构等多方主体参与。而在多方主体的协同中，沟通、交流显得尤为重要。此外，不同地区的城镇化发展基础和水平存在差异，先进地区与发展中地区也需要交流实践经验。为基层社会治理主体提供一个沟通和交流的平台，正是举办镇长论坛的初衷和意义所在。

在国家发改委等有关部门、各级领导及广大镇长们的支持下，镇长论坛以"共建、共治、共享"为理念，集合政界、学界、企业界知名人士等多方主体，融合最新的理论成果，展现先进的实践经验，贯通国内实践探索和国际前沿探索，为基层社会治理的践行者提供了一个良好的互动平台。

践行中国式现代化道路上，必须有社会治理现代化的先行者、探索者和引领者。社会治理的现代化，基础是基层社会治理现代化。基层社会治理现代化，关键是创新的思维和行动。多方主体的协同，是创新产生的重要源泉。镇长论坛希望集合多方主体的智慧，为基层社会治理创新提供协同的力量。下面让我们一起来感受4届镇长论坛的真知灼见。

第 **1** 季

人文镇兴　美好同行

第一届镇长论坛

论坛时间：2018年12月26日

论坛地点：浙江省嘉兴市嘉善县

论坛主题：人文镇兴　美好同行

主办单位：中国区域科学协会
　　　　　中国区域经济学会
　　　　　上海财经大学
　　　　　保利发展控股集团股份有限公司

承办单位：浙江省嘉善市嘉善县人民政府
　　　　　上海财经大学城市与区域科学学院
　　　　　保利物业发展股份有限公司

党的十九大报告提出实施乡村振兴战略，要坚持农业农村优先发展，按照产业兴旺、生态宜居、乡风文明、治理有效、生活富裕的总要求，建立健全城乡融合发展体制机制和政策体系，加快推进农业农村现代化。在实施乡村振兴战略的新时代，乡村治理是国家治理的基石，也是乡村振兴的基础，需要综合统筹行政资源、市场资源配置和地方力量，共同参与兼具乡村区域中心功能和生态宜居功能的多功能复合小城镇的集群建设，带动城乡共生发展，解决中国城市与农村之间公共服务不均等问题。

2018年，浙江省嘉兴市嘉善县便已经在城乡公共服务均等化方面开展了实践探索。小城镇建设是实施乡村振兴战略的重要抓手，在落实新型城镇化和乡村振兴战略中具有不可替代的、承上启下的地位与作用。因此，嘉善县以小城镇为切入点，将城市的高品质服务带到城镇，继而通过城镇辐射乡村。在嘉善县的西塘镇、天凝镇，当地政府引入央企服务机构，为城镇提供人文服务，共同探索基层社会治理新实践，为全国其他城镇的治理提供了可以参考借鉴的经验。

探索城镇治理的创新，是全国各地城镇治理工作者密切关注的全新课题。已经具备一定实践探索基础的新课题，需要进行更广泛、更深层的讨论，镇长论坛于是应运而出。秉持将城市的人文服务和美好生活带到城镇和乡村的理念，首届镇长论坛的主题定为"人文镇兴、美好同行"。

镇长论坛搭建了一个政、产、学、研多方参与的互动交流平台，从政策解读、行业分析、学术研究、基层实践等方面，全面、系统地解读乡村振兴战略与基层社会治理模式，为基层政府的社会治理模式提供创新思路与路径指导。

镇长论坛不止于"论坛"，也是一个创新实践的"窗口"。为了让与会嘉宾近距离观察、体验城镇治理的实践成果，镇长论坛主办方特别安排了实地调研环节。

实地调研

2018年11月27日，来自全国各地的乡镇镇长、专家学者、媒体代表一行，到嘉善县的天凝镇、西塘景区进行调研走访，深入了解天凝镇与西塘景区的治理、产业、生态等各方面情况，实地考察浙江在探索社会治理模式创新方面的进展与管理成效。

天凝镇——开启"政府+企业"共建共治的新模式

天凝镇，隶属于浙江省嘉兴市嘉善县，辖区内地势平坦、水网如织，素有"鱼米之乡，水产明珠"之美誉。天凝镇作为省级中心镇，处在发展改革、乡村振兴创新实践的前沿地带，早谋划、早部署，全面启动政府向社会购买公共服务。同时，天凝镇把群众获得感作为衡量整治效果的最高标准，以提高当地生产、生活和生态环境质量，打造"政府主导、企业主管、公众参与、共建共创"的基层社会治理新模式。

西塘景区——探索景区综合治理模式

西塘景区位于西塘镇，隶属浙江省嘉兴市嘉善县，位于江浙沪三地交界处。西塘历史悠久，是古代吴越文化的发祥地之一、江南六大古镇之一，是具有吴文化特征的千年水乡古镇。西塘镇在提升国家旅游景区评级过程中，用"绣花功夫"推进精细化治理，牢牢树立起"城镇旅游就是旅游城镇"的"全域景区"概念，通过引进保利物业，在整个镇区范围内进行环境综合整治，坚持整治与文化保护传承相结合，实现镇区景区化的发展理念，打造镇区即景区的"全域旅游"格局。

城镇村企联动　实现乡村振兴

演讲人：范恒山（经济学家，国家发展和改革委员会原副秘书长）

　　乡村是最基本的地域综合体，是最基础的产品、资源要素供给地，是经济、社会、文化活动等最早的发生之所。社会人最初都体现为乡村人，在我国城镇化迅速发展的今天，乡村仍然集中了超过40%的人口。乡村具有根基和本源的特点。因此，乡村发展之于全国发展而言，具有决定性的意义，即所谓"乡村兴则国家兴、乡村衰则国家衰"。实现乡村振兴是党的十九大提出的决胜全面建成小康社会、全面建设社会主义现代化国家的重大历史任务。党中央专门提出实施乡村振兴的战略，并颁布了乡村振兴规划，把它作为新时期"三农"工作的总抓手。实现乡村振兴是一项艰巨而繁重的系统工程，需要各个方面的共同努力，需要城乡企业的一体联动。

　　一、我国发展的主要矛盾在乡村，但解决乡村发展矛盾的主要力量在城镇

　　党的十九大提出，新时代我国社会的主要矛盾是人民日益增长的美好生活需要和不平衡不充分的发展之间的矛盾。综合分析，最不平衡和最不充分的是城乡区域的发展，而最突出的发展短板在乡村。

　　第一，在经济社会发展的一些关键方面，如人均收入、基础设施、公共服务等，农村与城市差距较大，农村基础差、底子薄、发展滞后的状况没有发生根本改变。尽管在现实生活中，也存在着部分农民因本村条件较好、享有福利较多而不愿进城的状况，出现了逆城镇化的现象。但这仍然是极少量的，是一种比较特殊的情况。

第二，经过这些年的持续攻坚，我国一大批贫困人口实现脱贫，但扶贫任务仍然艰巨。按照2011年确定的人均2300元的贫困线标准，到2018年底仍有1660万贫困人口。这些贫困人口几乎都在农村，而且主要集中在条件恶劣的深度贫困地区，实现脱贫难度很大。即便到2020年现行标准下的贫困人口全部脱贫，在新的标准下的贫困人口仍然会是一个较大的数量，而这些贫困人口无疑也将主要集中在乡村。

第三，从整体上看，乡村现代化产业基础比较差，产品附加值不高；新经济新动能培育缺乏良好的基础条件，发展范围受限、增长速度缓慢。

第四，对"三农"的支持体系总体薄弱，基于市场机制驱使的"马太效应"和源自二元体制形成的不平等交换仍然显著存在，对乡村的发展继续产生着较大的负面影响。

第五，乡村资源短缺、人才匮乏，治理体系不完善，整体治理能力不强，难以与城镇实现经济的同等增长和生产力水平的同步提高。

有鉴于此，振兴乡村，光靠乡村不行、主要靠乡村也不行，主要的依靠应当是各个方面都处于优势地位的城镇。这不仅意味着农村的发展需要城镇的支持，而且意味着农村比较优势的发挥和积极能量的开掘，也需要依赖城市强势的生产经营主体、良好的组织形态、现代化的生产方式和先进的科技手段加以激活、带动和引领。

二、城镇带动乡村是使命，也是义务

城镇带动乡村，既是基于自身地位所应承担的社会责任或肩负的使命，也是基于公平正义规则所应承担的义务。从使命看，城市是经济发展的高地、资源要素的聚地、先进能量的重地，还是社会财富的强地。这种地位决定了它应当承担一种责任，或者说国家必然要赋予它一种使命，即支持和带动比之明显落后的乡村发展。这是国家推动区域城乡协调发展的需要，也是促进国民经济持续稳定增长的需要。简而言之，国家赋予城市这种使命、城市承担这种职责，既有必要也有条件。

从义务看，城市扶助和带动乡村发展，从某种意义上说是对乡村的一种补偿和回馈，其中的道理并不复杂。在我国，农村为城市的发展作出了巨大的贡献。一是农村为城市扩展提供了大量的土地，而这些土地的占用在绝大部分情况下是无偿的或低偿的。此外，农村还为城市提供了大量的其他廉价资源和要素。二是在"剪刀差"价格体制环境下，一方面，农村为城市长期提供廉价的农产品；另一方面，农村又成为城市工业品的重要消费市场。三是长期以来特别是改革开放以来，不断增加的进城务工人员在低工资、低福利的条件下为城市的生产生活、建设运营提供了大量服务。没有农村就没有城市，没有进城务工人员的辛勤工作，也就没有城市的现代化发展。在城乡发展严重不平衡的今天，先富的城市对农村的帮扶和支持，实质上就是一种必要的回报，是一种感恩而不是恩赐，无论是基于投桃报李的道德还是基于公平正义的规则，都是必须的、必要的。

三、以城带乡的路径是农村人员要走出去，城市能量要走进来

实现乡村发展需要城乡互动。城乡互动的关键是以城带乡，而以城带乡的要义是通过搞活城市政策和动能，推进农民和城市能量双向流动并发挥作用，其中的核心在于推动农村人员走向城市、促进城市能量进入乡村。

第一，农民要富的前提是农民要少，或者说使农民富裕必须减少农民。农村要发展，农业要现代化，农民一定要减少。我国人口总量庞大、耕地面积短缺，无论是从提高土地的集约效率，还是从提高农民的收入水平而言，都难以让农民和农村得到很大发展。换个视角看，近几十年来，大量农村人口进城务工，不仅给农村土地集约发展、提高农业附加值提供了比较充分的回旋空间，而且给农村和农民家庭带来了丰厚的城市务工收入，而这种务工收入反过来成为推进农村发展和改善农民生活的重要条件。

第二，农村要发展，必须引进强力的生产主体、实行高效的经营方式、运用先进的科学技术。减少农民为土地规模经营带来了机遇，而土地规模经营则为这些优势的主体、方式和技术进入农村创造了有利条件。

第三，一二三产业融合是农村产业体系提升优化之道。融合的前提，

必须有三种产业和有主体去融合。在农村依靠农民发展二三产业是有限的，而城市主要集中了二三产业，城市企业是经营第二产业和第三产业的主体。这意味着，只有城市能量进入农村才可以在主体上带动二三产业进入农村，也只有城市能量才能够在主体上推动一二三产业的融合。实现一二三产业融合，必须推动城市能量进入农村。

第四，根据发展的要求，国家提出了农村土地所有权、承包权、经营权"三权分置"的改革。这是以土地制度改革为主要内容的农村经济体制的第二次革命性变革。伴随着农民进入城市步伐的加快，"三权分置"的改革为实现规模经营提供了良好的制度基础，因而为城市能量进入农村创造了制度条件，成为推进乡村振兴的重要制度保障。实行"三权分置"改革，不仅有利于提高土地产出率、劳动生产率和资源利用率，有利于推动现代技术工具的应用，而且有利于推动农民融入现代化的生产经营方式，在提高其收入水平的同时，提高其综合素质，使其通过新的制度模式和经营方式，感受现代文明的气氛、接受现代文明的熏陶，成为一个具有高素质的农村人或新的城镇人。

四、发挥城市企业和小城镇的特殊作用，使其作为以城带乡的基本支撑

要使农村人口走出去、城市能量进得来，需要发挥城市企业和小城镇（包括所有建制镇的政府所在地或建制镇中心区）这两个主体的特殊作用。

城市带农村，主要的还是企业下村、融村和带村。城镇可以通过提供资金等手段支持农村发展，但很容易给人以增加城镇负担等错误印象，致使这种支持是有限的，也常常是不可持续的。城镇对农村提供的最强有力、也最能持续的支持方式是市场方式，因为市场是基于经济利益的互利合作、共同提升，不是无偿赠予。市场方式进入农村必然是企业进入农村，是企业基于发展要求，以优良的生产经营方式自觉地走向农村，继而融入农村，最终发展和带动农村。因此，实现乡村振兴，要推动城镇企业和企业家带领农民发展农村。通过城镇企业进入农村，达到村企一体、镇企一体；推动建立现代经营模式，拓展农村产业，推动一二三产业融合。

要把小城镇作为推进城乡联动融合发展的重要枢纽和依托。包括建制镇中心区在内的各种小城镇紧邻农村、贴近农民、连接城乡、亦城亦乡，且进入门槛低、各种束缚小，易于城市与农村资源要素双向交易，也有利于农民深度融入，应充分发挥其在振兴乡村中的特殊作用。特别要在3个方面付诸行动：一是推动小城镇走特色发展之路，使其成为带动辐射和促进村庄发展的典范。二是着力提高小城镇的内涵与品位，把对小城镇的物理改造、品质培育与提升农民素质有机结合起来，使小城镇作为农民系统感受城市文明和现代文明的第一窗口，从而成为提高农民综合文明素质的第一平台。三是依托小城镇和建制镇中心区、依靠骨干企业，广泛运用现代市场组织形式和经营方式，促进以镇带村、以镇融村，全面推动乡村振兴。

五、促进城镇乡企联动，要进一步强化政策支持体系建设

城镇乡企联动振兴乡村，不仅需要地区相关主体的积极努力，而且需要国家政策的大力支持。目前，关于乡村振兴的政策支持体系仍比较薄弱。特别是关于推动企业进村、促进小城镇发展、鼓励农民进村等政策，推进力度还有待加强，配套性、协调性也还不够。要从战略高度认识到缩小城乡差距、推进城乡融合发展的重要意义。

当前，存在着一种危险：一方面，城市正在大踏步向现代化迈进，各地不惜一切代价在推动建设绿色城市、"海绵城市"、智慧城市，大部分都瞄准了国际先进水平，要建成国际化城市甚至是"未来城市"；另一方面，农村仍然在总体上维持着一家一户的生产经营模式，农业农村现代化既缺乏制度基础，也缺乏有效手段。这有可能导致农村和城市的差距进一步拉大。这种拉大不仅不利于经济发展，而且会影响社会稳定和国家安定，绝不可掉以轻心。

有鉴于此，应加大促进城乡融合的政策力度，健全促进城镇村企协调联动、推动乡村振兴发展的政策支持体系。特别要在以下几个方面加大力度：一是破除体制和政策障碍，在搞活农村资源要素的基础上，促进农村和城市间各类资源要素的平等交换。二是采取更加有力的激励措施，促进农村人口向城镇流动转移，促进城镇企业进入农村。与此同时，促进城市对农村开展各种形式的对口帮扶。三是加强财政、金融、税收、土地、产业等政策的协调配套，一体支持一切优势企业和先进动能进入农村、融入农村、建设农村，加快推进农业农村现代化和实现乡村全面振兴。

新特镇　新规则

演讲人： 仇保兴（国际欧亚科学院院士、住房和城乡建设部原副部长）

小城镇经历了很多次的转变，现在涌现出了新的特色小镇，新的特色小镇跟旧的特色小镇是有区别的，新特镇中的新规则值得我们探讨。

浙江省的小镇发展积累了很多实践经验。我在县市领导岗位上工作了18年，见证了许多浙江小镇从萌芽到壮大的过程。特色小镇在进化过程中，呈现了4个版本。

1.0版本："小镇+一村一品"。小镇，是为农村、农业、农民服务。比如杭州加工、销售龙井茶的小镇，延续了上千年，现在还在发展。

2.0版本："小镇+企业集群"。1978年开始，农民进城创办了企业，形成了企业的集群，"纽带镇""袜子镇"等都涌现出来，在一个小品种上"打遍天下无敌手"。

3.0版本："小镇+旅游"。20世纪80年代，有一些没有被乡镇企业改造的小镇，被旅游业从业者和旅客发现，借用旅游这把"快刀"，短平快式发展。旅游业进入乡镇，改造老房子，帮助当地老百姓发现老房子的人文价值，把历史文化价值变大，推动了小镇的发展。

4.0版本："小镇+新经济体"。"互联网+"、人工智能等的发展，为城镇的新经济体涌现创造了价值。小镇作为一种特色用地形成了产业修复提升和科创基地的功能。

新的4.0版的特色小镇，为什么在嘉兴特别重要？因为它们一头连着农村，一头接着大城市。嘉兴有一个战略，把自己所有的4.0版的特色小镇，都与人才高地、贸易高地、科技高地一同变成上海的镇，只有这样嘉兴才会实现第二次腾飞。

旧的特色小镇就是指前面讲的1.0版、2.0版和3.0版，和新的4.0版不同，它们自己转型了，变成了自身新的转型版。旧的特色小镇，其IP是固定的，是具有吸引力的和千年不变的，像乌镇就是如此；后来乌镇加了一个国际互联网大会，即旧的特色与一个新的创意、新的主题产业相结合；但是新的特色小镇的IP是变化的。旧的特色小镇成长慢，所以有的时候是顽强地、不断地、慢慢地进化，它形成了自己的特色，打遍天下无敌手，一技在手，终身可吃饭，这就是慢增长。比较起来，新城镇是跳跃性发展。旧特色小镇的产业是既定的；新特色小镇的产业是不断涌现出来的，可变的。旧特色小镇是企业控制的，由一大群企业控制了整个产业、整个小镇的发展；新特色小镇则不受哪家企业的垄断控制。这个现象是产业经济学没有办法解释的，我们可以使用第三代的系统论予以分析。

这个复杂系统理论可以演化出来。一个经济系统是动态演变的，不是数量上、参数上的简单变化。因为4.0版的特色小镇和2.0版的特色小镇都是依靠新资源创造的，那么新资源、新动能都是基于什么兴起的呢？个人认为是来源于"多样性"，例如以上海、杭州、嘉兴为基础的共同体集中了丰富的多样性，推动了地区的发展。

这样看来，嘉兴地区把原来没有特色的小镇转变为新的特色小镇，为原来单一的功能区或者是空镇植入了创业区和居住区，这些都是必要的配套动作。在原来资源与配套不足的地方做升级改造，很多地区会出现由新企业开拓的新生产业。一个复杂的社会，为什么会产生突变呢？原因是各种不同的主体，包括企业家、决策者等相互碰撞、相互交往形成共振。这种现象用传统思维无法理解，因此我们引入生态学的观点，用演化经济学来解释，却又常常限制了可预测性，所以4.0版特色小镇很不好做。4.0版特色小镇是一个颠覆性创新时代的生存者、政策领先者，4.0版特色小镇不受规划限制，但是不代表没有确定性。它有以下5个方面是确定的：有内生动力；有新奇的结构；绿色发展的；互补的；是人可以进入并充分体验的。作为新的经济体系，4.0版特色小镇是各种各样的主体碰撞的结果，是这些主体基于对世界形势的判断、对新技术的吸收和利用，再经过相互作用而涌现出来的新产业形态。

企业家、科技人员作为市场主体拥有的重要的人力资源，能动性、自由度、深入性被激发出来了，从而为更多人，特别是为更多创业者提供好的平台。4.0版特色小镇，它本身是一个平台、一个孵化器。对这样一个孵化器，不能用原来的办法管理。我们要激励而不取代，简政而不专权，护航而不包办，评估而不刮风。

对于4.0版的特色小镇，我们需要把握以下几个方面的典型特征。

第一，自组织。特色小镇是由下而上"生成"的，不同于"他组织"是从上而下规划并由政府包办的。创办横店影视城的核心人物徐文荣，一位80岁的老人，有一个梦想，要把祖国大地上曾经存在但现已消失了的园林全建造出来，包括古书中的经典园林。在他的努力下，横店现在成为全国规模最大的影视基地，为东阳贡献了财政收入的二分之一。在横店影视城创办的同时，中央电视台在河北涿州投资几十亿也办了一个影视城，却因缺乏自组织活力而衰落。这都充分证明4.0版特色小镇的自组织性和内生性。

第二，共生性。小镇要和周围环境互补、共生。我在杭州当市长的时候，杭州八卦田周边地区正面临改造的问题。当地的老百姓原本以陶瓷业为生，卖了30年陶瓷。电子商务兴起后，陶瓷市场就关门了，当地的生产地变成了垃圾堆。八卦田地面约5米以下都是非常精美的宋代皇家遗址，不能挖，不能打桩。我们就是根据这个地方的特色和遗址保护规定，规划一个新的景区。新的景区就搞特色的基金小镇，结果成功了。现在当地基金的总资产管理规模达到多少呢？1万亿，也就用了几年时间。

第三，多样性。具备主体多样性特征的系统自身也具有多样性，这样的系统既有坚持的动力，同时又有突变、快速增长的可能性。成都有一郊区，要把自己的闲置房产转变成孵化器，就问当地大学生创业需要什么？得知他们需要医院、星巴克、风险基金等等，当地的村民和开发商就设法满足大学生的要求，所以它就成了全国规模最大的"双创"（大众创业、万众创新）示范基地。

第四，强连接。必须把上海、杭州等地的一批人拉到这个小镇，到这个小镇就有好事，这里就会成功。成都不具备上海、杭州等地的一些优势，但能为私人博物馆筹建提供政策优惠，所以一下子引进了30多个私人博物馆，形成了一个文创的历史文化基地。如果你是弱连接的，你就抢不过人家，这部分人才就被人家抢走了。

第五，集群。这是一个广泛连接的、紧密结合的、生死与共的组织，英文为cluster。改革开放之后，宜兴市下辖的一个小镇出现了国家级大师，随后吸引了其他国家级大师，甚至世界级大师前往，最后形成了400多家紫砂壶企业。然后风投基金来了，企业来了，大量的基金催生了具有持久发展能力和内生发展动力的特色小镇。如果进来的企业相互之间没有联系，就是没有活力的，形成不了集群。

第六，开放性。温州乐清的农民创业，是从买卖电器、电缆开始。既然能做买卖，为什么不能自己制造呢？农民没有技术，就采用股份制企业的模式，留10%的企业股份给合作者。上海哪个工程师愿意和乐清的农民合作，就给10%的股份，还给5000元月薪，所以当时吸引了上海5000多名工程师前往工作。这样一来这个镇就成为专业生产电器的特色镇了，现今一年创造的产值达300多亿元。

第七，规模性。有一些小镇是不成规模的，也是不景气的。在孵化器平台上面有各种各样的"加速器""孵化器"，所以经济利润增长是突飞猛进的。出现了这么一个机制，这是无中生有的，从小变大的爆发式增长。因为它把自己看成一个平台，可以跟杭州周边联动，我们应该把这种模式引到嘉兴，把上海、杭州的相关企业引到这里来创业，如此会造就成本洼地。

第八，微循环。特色小镇要根据新的技术，结合微循环来规划。绿色革命带来了巨大的市场，引进了上千家公司。西塘镇也可以参与竞争，因为古建筑大都可以启发人们灵感，激发新的思想和新的理念，这些都是新的发展要素。

第九，自适应。如果让一个企业家把自己的想法充分发挥出来，就可能会涌现出新的产业结构。根据我们在顺德等地的考察结果推测，南方的数控机床与精密机床的产量正在超过东北，新产品的开发是东北的好几倍，而在当地创业的人很多来自东北。我问这些人为什么不在东北创业呢？他们说南方的创业环境更好，可以为创业者提供"游刃有余"的环境条件。科技人员、创新人员能不能自由发挥自己的作用，这是决定性的因素。我们可以看到，北方的种子到了南方，引出了一大批优质的企业，并不仅仅是依赖政府的优惠政策。

第十，协同涌现。为什么杭州有云栖小镇，有梦想小镇？原因之一就是阿里巴巴上市了。阿里巴巴上市之后市领导很着急，我说这是好事，为什么着急？原来他担心，阿里巴巴上市后变成了市值2000多亿美金的公司，而其中10%的股份由公司团队骨干持有。团队骨干成员有750人，要是750人都要自主到外地创业，该怎么办？后来阿里巴巴总部附近搞了几个科创特色小镇，"包饺子"式地将人才留下来，吸引他们优先留在当地创业。所以说，杭州采用的是"关门养人"的方式，与大的企业协同创新，"无中生有"地孕育了一个非常大的产业宝库。

简而言之，好的小镇必须进步，才能捕捉到时代的发展信息，我们需要这种思想的变革。

主题演讲实录

善治是当今世界最根本的竞争主题

演讲人： 金 碚（中国社会科学院学部委员，中国区域经济学会原会长）

2019年，是中华人民共和国成立70周年，中华人民共和国成立后主要有两个问题，第一个是要发展，第二是在发展过程中怎么治理好国家。

刚解放的时候，我们的治理是从农村革命开始的，打土豪分田地。此前的农村治理体系都不存在了，或者是被打破了，那个时候就要想怎么发展经济。近70年来我们做了很多的尝试，从农村来讲，最初搞农业合作社，然后到人民公社，再到镇社合一。

改革开放之后，我们进入了一个快速的工业化、城镇化的过程，在这个过程中，城市当然是发展的增长极，但是农村也发挥了很大的作用。农村中也产生了很多企业，后来叫乡镇企业，也在发展。

我们现在放眼看看世界，国家之间其实是互相竞争的。竞争什么呢？从根本上来说：第一是谁发展得好；第二是发展起来以后，或者在发展过程中怎么把国家治理好。这两个问题都很难，后一个问题可能比前一个问题更难。举例而言，美国的人均收入比我们高得多，包括中东和南美一些国家的人均收入也比我们高。但我们还要看另外一个更重要的问题，就是治理。有什么办法让治理水平匹配国家的发展程度？特别是在国家进入现代经济发展的过程中，即社会发展治理变动过程中，怎么驾驭好这个国家？我们现在在搞"一带一路"，"一带一路"沿线各个国家，按照国民人均收入算，有的比我们高，有的比我们低，他们的治理方向各具特点。

在工业化发展时期，一般不会产生治理上的难题。但达到发达国家水平后就不一样了，如果治理不好就会崩溃。所以，我们就会关注治理。今天的论坛主题讲社会的治理，特别是村镇的治理。到底这个国家怎么治理？每个国家都有每个国家的特点，治理社会受到很多的因素左右，其中当然有政府的因素，还有企业的因素，以及其他各种社会力量的因素。有的国家还有氏族或酋长国之类的力量存在，政教合一国家中的宗教因素也发挥了很多治理的作用。

在我国，最强的一支社会治理力量就是政府，或者说是行政系统。所以自中华人民共和国成立以来，在农村也好，在城市也好，政府在治理过程中都起了主导作用。中国在发展过程中比较好地解决了社会治理问题。不像其他国家发展到一定阶段，治理系统就出问题。到了新的发展阶段后，我们来研究中国在发展过程中怎么样把农村和城市治理好，这是一个非常不容易的事。

改革开放之后，我们形成了一支强大的市场力量，就是企业。改革开放之前，企业的力量还比较弱，即使当时企业想参与治理，也力不从心。但是现在不一样了，企业的力量非常强大。所以在中国有这个条件，让企业也来参与社会治理。但是这种社会治理又不能够走到过去政企合一、政社合一的老路上。保利物业参与了治理工作，说明可以委托企业，用企业化方式来实现本来由政府主导的社会治理的目标，所以说中国的社会治理有很高的创新性。

除了企业之外，还有没有其他的社会资源可以开发利用呢？我想肯定也会有，不光是企业。在中国，如果仅仅依靠党政力量实施社会治理，可能成本是比较高的，创新性可能是不足的，它在解决很多复杂问题的时候也可能会是力不从心的。但是用另外一种方式，用企业化的方式或社会化方式跟政府连接，有可能找到中国进行社会治理的好模式。

这个探索和实践的过程将对我们很有启发，特别是体现在对政府主导的治理过程的反思中。政府有它的优势和弱点，如果处理不好，很可能会抑制创新性。政府控制了很多的资源，了解很多的信息，以为可以很好地策划各地的发展，但是还真的做不到。要把地方治理好，要让社会有秩序，同时又让社会基层有创新性、有活力，这个是很不容易的。

刚才讲了全球竞争的主题是治理问题，不要看现在中国人均收入只有美国的六分之一，但是在治理的很多方面未必比他们差。在中国绝大部分的城市、农村，一到晚上10点之后，大家还可以在外面活动。在法国、美国等则不行，晚上出了城市中心都不安全。所以中国的社会治理从全球竞争的维度看做得还不错。但截至目前，我们也存在问题。我们要权衡，一方面希望我们这个地方不出事，安全有秩序；另一方面经济发展也要有活力，充分发挥个人、企业的想象力。将这两个方面都解决好的确是一个巨大的挑战。

今天的镇长论坛，就想将乡镇作为解决好社会治理、经济发展两个问题协同的一个重要抓手或枢纽，但是这个枢纽不能包办一切。一个行政系统，要把社会资源都调动起来，在两个问题上做出创新性的贡献：一是更好地发展，创新性地发展；二是社会治理有条不紊，把中国变成全世界最安全的国家，因为安全也是创业的重要前提。如果可以做到，中国未来发展一定是非常光明的。

以空间品质驱动乡村振兴

演讲人：杨开忠（国际欧亚科学院院士、中国区域科学协会会长、中国社
　　　会科学院大学应用经济学院长，首都经济贸易大学原副校长）

　　非常高兴来嘉善参加中国社会治理与协同创新的首届镇长论坛。国际
经验表明，当一个国家的城镇化率达到60%以上的时候，经济发展会呈
现3个有规律的发展：一是国家的人均GDP开始跨越高收入社会门槛，走
进高收入社会。二是城镇化率的提高和人均收入的增长快慢不再一致，一
般来讲人均收入的增长会比城镇化率提高得更快。三是城乡共生圈化，人
口和经济活动都向城乡共生圈集聚。

　　我们国家城镇化率已在60%以上，城镇化率提高速度与人均收入增长
速度明显分异。城乡共生圈化开始成为中国区域发展的主旋律、成为中国
经济高质量发展的新动能。我想，这是客观规律的反映，要适应这一客观
规律，就要把推进城乡共生圈建设上升到战略高度上来，积极培育发展城
乡共生圈。

　　城乡共生圈是城乡融合发展的主体空间形态。所以，我想利用这个机
会，从城乡共生圈的角度就乡村振兴主题谈谈3个观点。

　　第一个观点，乡村振兴要走城乡共生圈化之路。城乡共生圈即以城区
或镇区为核心、与周边地区组成的日常生活一体化的区域。城乡共生圈化
意味着人口向城乡共生圈核心和周边地区集聚。从这一视角看，乡村振兴
就是乡村人口的通勤圈化，这既包括乡村人口向城乡共生圈中的城镇集
中，也包括乡村人口向城乡共生圈中的乡村集聚，城乡融合发展意味着城

乡共生圈发展。这有利于乡村分享城镇的集聚经济优势，降低外部交流成本，实现最大限度的振兴。具体来讲，乡村振兴走城乡共生圈化之路，一是有利于乡村与城市的市场、基础设施和公共服务之间互联互通，有效整合整个城乡共生圈的资源优势。二是有利于乡村与城镇的产业链、供应链、价值链实现互联互通，有效利用城镇产业链、供应链、价值链的带动作用。三是有利于乡村居民更好地分享城镇的就业、创业机会，以及个人消费服务和公共服务，有效地满足乡村居民对高品质、多样化生活的需要。这几年，我到全国很多地方去调研，发现无论是大城市还是小城市，很多周边乡村居民，虽然住在乡里，但在城里上班，其通勤工具既有私家汽车、公共汽车，也有摩托车、自行车。四是有利于城乡居民在城乡共生圈内自由地规划、选择最佳的自家居住地和工作地线路，有利于乡村引进城市先进观念。

根据我个人的观察研究，西方发达国家的乡村振兴走的就是城乡共生圈化的路子。美国城镇基础圈（core base statistical areas）即城乡共生圈。据统计，2010年全美人口达5万以上的大城乡共生圈有569个，人口共计占全美人口的82.3%；人口为1万到5万的小城乡共生圈是536个，人口占全美人口的13%。我们将美国大小城乡共生圈人口比例加起来，超过全美人口95%。再考虑到美国还有人口在1万人以下的小微城镇，估计生活在城乡共生圈外面的农村人口占比不到0.8%。美国城乡共生圈的定义有一个通勤率25%的标准，这个标准高于日本城乡共生圈通勤率10%的标准。若按日本的标准水平计算，可以说美国乡村人口几乎100%都在城乡共生圈里。

中国人口密度是美国的4倍以上，中国东南部的人口密度更高。这意味着，在同样的半径范围内，中国比美国人口密度大，更加有利于城乡本地化运营，也更加有利于中国城乡共生圈的发展。另外，我国农村以一家一户经营为主。这种经营模式欲获取竞争力，更需要充分地融入外部经济——城镇集聚经济。这种国情决定了中国乡村振兴更要走城乡共生圈化之路。

乡村振兴要走好城乡共生圈化之路，必须推动人口由边缘乡村向城乡共生圈流动，以城乡共生圈为依托建立健全乡村振兴体制机制。这里面有很多工作要做，我想特别强调3个方面：建立健全开放的城乡共生圈建设用地和房地产市场；统筹规划城乡基础设施和公共服务设施，建设统一的城乡共生圈基础设施，包括新型基础设施；在推进农业转移人口市民化的同时，探索农民从边缘的农村向城乡共生圈周围农村转移的体制机制。

第二个观点，乡村振兴要实施品质驱动战略。在这里，我讲的品质是空间品质或地方品质，是吸引人前来生活的不可贸易公共品的数量、种类、质量与其可及性的总和，主要包括地方交流环境、地方集体消费品（教育、医疗服务等）、生态环境和人居建筑环境4个方面。

为什么乡村振兴要以提升乡村的空间品质或地方品质为驱动力呢？从根本上来讲，这是新时代满足城乡居民日益增长的美好生活需要的内在要求。具体来讲，一方面，基于城乡居民日益增长的回归自然生态、回归田园的需求，要求下大力气提升乡村品质；另一方面，这也是乡村振兴战略的方针——"产业兴旺、生态宜居、乡风文明、治理有效、生活富裕"的内在逻辑要求。生活富裕在于产业兴旺。怎么实现产业兴旺呢？我相信在座的各位镇长跟我的结论是一样的：单单靠旧办法、老一套是不行的，需要新知识、新产品、新业态、新模式、新市场。一句话：我们需要创新。创新的关键是什么呢？答案是人才，因为人才掌握知识和资本等创新资源。怎样吸引、留住人才呢？除了按市场价给人才收入外，还在于提高地方品质，因为人才偏好高品质的地方。在乡村振兴方针中，"生态宜居、乡风文明、治理有效"实质上讲的就是乡村品质。因此，以地方品质驱动乡村振兴是乡村振兴方针的内在逻辑要求。这就是我提出地方品质驱动乡村振兴的道理所在。

第三个观点是探索建立乡村公共管理职业经理人制度。乡村振兴主动力源在城市。从目标市场来看，提升乡村品质不仅要瞄准农村本身，更要瞄准那些代表先进文化、先进生产力的城市旅游者、投资者、企业和居民。怎样以地方品质开拓、占领以城市为主体的市场呢？这要求有效市场和有为政府的协同。怎么协同？我个人觉得要探索建立乡村公共管理职业经理人制度。为什么呢？因为职业经理人有专业化知识经验积累，能够更好地把握以城市为代表的先进文化和先进生产力的发展。

这里，我所讲的职业经理人包括专业化的、职业化的自然人，更包括专业化的、职业化的法人。鉴于我国基层专业人才缺乏和构建竞争性公共服务职业经理人市场的潜力优势，在2000年后，我在不同场合反复提出要在我们国家县以下，甚至县、市公共服务管理中探索实行这种职业经理人制度。我在作为首席专家参与首都人才中长期发展规划纲要制定时，推动把在北京市街道、乡镇层面引进职业经理人写入了纲要。

令我十分高兴的是，公共职业经理人的发展正在呈现燎原之势。目前主要有3类：包括从房地产开发商转型而来的产业园区运营商；由传统的物业公司转化而来的地方运营商，保利物业是其中的重要代表，已探索出了不同的道路，在浙江就已经创造出了景区模式、农贸市场地模式或乡镇全域模式；以及由绿色环保公司转化而来的地方运营商。我建议要高度重视和认真研究、总结正在兴起的乡村职业经理人，建立健全以地方品质驱动乡村振兴的职业经理人制度。我相信这条路子如果找到了，就一定能够更好实现乡村的善治。

乡村振兴与城乡融合

演讲人：肖金成（中国区域科学协会理事长，国家发展和改革委员会国土开发与地区经济研究所原所长）

我们总是说：上面千条线，下面一根针。谁是针？我认为乡镇政府就是针，这个针的软硬可以体现出我们政权管理的强弱。针应该是硬的，线应该是软的。如果针是软的，恐怕缝衣服也缝不了，线也穿不进来。所以我认为乡镇政府的职能作用非常大，举办镇长论坛非常有必要。

我今天演讲的题目是"乡村振兴与城乡融合"。首先，我要讲一下2018年中央一号文件——《中共中央 国务院关于实施乡村振兴战略的意见》。乡村振兴战略上升为国家战略，意味着全党全国要重视乡村的发展，实现乡村振兴。如何实现乡村振兴？确实是一个很大的难题。国家历来很重视"三农"问题，每年的一号文件都是讲"三农"问题。"三农"问题解决的路径在哪里？措施在哪里？手段在哪里？在一号文件里面，我发现了"建立健全城乡融合发展的体制机制和政策体系"这句话，所以我把研究聚焦到城乡融合的体制机制和政策体系上。

城乡如何融合？大家知道我们国家有大城市，有中等城市，有小城市，都是城市，小城镇算不算在内？小城镇最接近农村，它周围都是农村，小城镇是农村的中心。我们说大城市应该带头促进城乡融合，都市圈里的小城镇和农村都是比较发达的。但很多农村不在大都市的周围，它远离大都市，这个就不好办了。

小城镇对解决"三农"问题很重要。所以说城乡融合，要考虑小城镇和农村如何融合。建立一个什么样的体制机制，国家应该给一个什么样的政策？这是讨论的重点。

一号文件里有这么几条，值得我们各位镇长关注。

第一，加强各类规划的统筹管理和系统衔接，形成城乡融合、区域一体、多规合一的规划体系。我们过去搞规划，不管是大城市、中等城市、小城市，每一个城市都要编制规划。小城镇有没有规划？建制镇有没有规划？有的有，有的没有，多数没有。

实施乡村振兴战略，要给建制镇做一个规划。要考虑未来二三十年这个建制镇里的小城镇如何发展？产业如何发展？人口如何聚集？周边农村的农民能不能到小城镇来？未来的农民是不是要进小城镇呢？城市居民能不能到小城镇居住呢？我认为都是需要考虑的问题。现在在政策上是逐步放开的，农民可以进入城市，当然也可以进入小城镇。以什么样的身份进来呢？农民可以在城镇工作，也可以在城镇生活，而且身份是可以改变的，现在我们在推进这个事。农民能不能改变身份？城里人能不能到乡下去？现在政策还没有放开，未来一定会放开的，城乡融合就是交流，所以城乡融合不是表面上说一说，而是要看内涵，这就是农村人口可以进城，城市人口可以下乡，政策一定会改变。

第二，根据发展现状和需要，分类有序地推进乡村振兴。对具备条件的村庄，要加快推进基础设施建设和公共服务向农村延伸。中央文件对有条件的乡镇进行了分类，并提出了新的类型，新的类型就是特色小镇。文件里面没有讲特色小镇，但城镇基础设施和公共服务向农村延伸的结果是什么呢？就是特色小镇。

关于城乡融合。在乡村振兴规划里面就提出来了。

第一是推动农业转移人口就近城镇化。如果附近的小城镇有了产业，有就业岗位，农民就不至于远离自己的家乡，就可以在这些小城镇就业，在小城镇就业也是城镇化。国家统计局统计城镇人口的时候，在城镇就业和居住的人口是被统计进去的。城镇里有没有产业，能不能增加工业岗位？这是关键。

第二是因地制宜发展特色鲜明、产城融合、充满魅力的特色小镇和小城镇。小城镇不是建制镇，建制镇也不是小城镇。建制镇是我们国家基层行政区，在座的都是镇长，镇长是既管小城镇，也管农村。不能说我是小城镇的镇长，不是农村的镇长，应把城镇和农村一起管起来。我曾经写过一篇文章叫《建制镇不是镇》，前面的"建制镇"是一个行政区，后面的"镇"是小城镇。建制镇政府所在地一般是一个小城镇，有第二、第三产业，有基础设施，有的还有规划，这是城市的标准。小城镇是农村之首，是农村经济的中心。我们讲城市的时候，总是把小城镇带上去。党的十九大报告里面是这样讲的：促进大中小城市和小城镇协调发展。在国外没有城市和城镇之分，中国有城市和城镇的区分。小城镇本质上就是城市性质，应摆在城市序列，大家不要以为镇很小，跟城市没有关系，镇实质上就是城市，只不过是规模比较小的城市。既然城镇也是城市，就要有城市的样子。农村要建设生态宜居的美丽乡村，要更有特色。实际上把农村建设成为美丽乡村，既是农村人的追求，也是城市人的向往，要通过乡村振兴，把农村建得更美丽。

第三是推进城乡统一规划。现在有城市规划，有城镇规划，更要编制城乡规划，一定要把农村规划进去，把城市如何带动农村考虑清楚。前述中央一号文件是这样讲的：强化县城空间规划和各类专项规划引导约束作用，科学安排县域乡村布局、资源利用、设施配置和乡村治理，推动规划管理全覆盖。据了解，未来在市、县要编制空间规划，空间规划既要包括城市、城镇，还要覆盖整个农村。这个全域的规划要考虑城市未来有多大，农村有多少，城镇有多少，城镇人口未来能够增加多少。在一个县域制定规划，就是把县城、城镇、农村3个点放到一起，县城和城镇的边界要画出来。

第四是城乡融合的路径。要解决城乡的二元分割，这是一个制度问题，过去实行城乡二元分割，把城市和农村完全割裂开来，很显然是不合理的。未来，应将二元户籍制度变成一元户籍制度，没有城市和农村之分。我认为上海比较超前，把农村、城市户籍的界限抹掉了，都是上海户籍。二元的土地制度也要改变，城乡土地所有权制度并轨。过去农村集体用地要转成国有土地，非常麻烦，以后不需要了，符合规划就直接用，实现城市用地和农村用地一体化、交通设施建设一体化、社会保障一体化和公共服务的一体化。公共服务包括教育、医疗，很多都是政府要干的，对城市提供了各项服务，也要对农村提供同样的服务。这就是我讲的城乡融合。但"化"是一个过程，不是说今天一搞，明天就"化"了，要逐步解决这些问题，实现城乡一体化，这就是城乡融合的本质。

第五就是资本下乡，投资农业、发展农业。通过城市资本下乡，就能够把传统农业转变成现代农业。没有城市资本，现代农业很难发展，也很难实现农业现代化。现在很多地方，对城市资本下乡有很多顾虑。如把农村土地归大堆儿，但是不搞农业，他搞别的，比如说搞房地产等，这个担心不是没有道理的。如果说城市资本只圈地不搞农业，也是不能允许的。解决办法就是土地用途管制，防止耕地非农化，防止耕地非粮化。

县城是一个县域的政治中心、文化中心、商贸中心、医疗中心。小城镇是建制镇的中心，小城镇服务设施要健全，镇长是建制镇的镇长，但也要把小城镇建设好，连小城镇都没有建设好，建别的也很难。小城镇要为农民居住创造条件，因此小城镇是开放型的，一定不是封闭型的。很多乡改镇就是变一个名称，换一块牌子，体制上、本质上都没有变。昨天叫乡，今天叫镇，意义不大。乡改镇的意义在于小城镇具有城市性质，其体制应该是开放的，不是封闭的。

关于特色小镇建设。我对特色小镇做过系统研究。一个建制镇可以有多个特色小镇，但是特色小镇一定是有条件的。首先特色小镇要有特色产业，没有特色产业不能叫特色小镇，不是说建设得很漂亮就是特色小镇。真正的特色小镇要有产业，有了产业才有就业，有了就业人口才能集聚，人口集聚才能带来经济的繁荣。搞一大批房子卖掉，买房子的人没有时间住，没有人就没有消费，没有消费产业就发展不了，就只是一堆房子而已。现在沿海地区搞了很多海景房，有多少人住？买得起的人不去住，周边的农民买不起。所以，要避免特色小镇房地产化或者产业空心化。

国家发改委关于特色小镇的指导意见里面提出，特色小镇要做到产业特而强、功能聚而合、形态小而美、机制新而活。聚就是人口集聚，新就是体制要创新，小就是形态小。搞创新，一定是新的体制，新的体制核心就是开放，不是封闭。

对乡村振兴与社会治理的几点思考

演讲人：董磊明（北京师范大学中国社会管理研究院教授）

乡村振兴这个战略提出以来，引起很多地方的关注，其实国人对这个问题已经是耳熟能详了。但乡村振兴其核心在哪里呢？我在想，产业振兴的重要内容是乡村治理，而乡村治理的实质是治理问题。也就是说，乡村治理好了才能实现乡村总振兴。

今天，我们的农村社会已经完全不同于20年前了，农村社会正面临市场化冲击，村民是流动的，村庄边界是开放的。在我们农村，有些地方出现了人心涣散、一盘散沙现象。如果人心涣散甚至人心混乱，任何产业政策也好，任何制度设计也好，任何制度输入也好，振兴都是不可能的，所以说乡村振兴如果离开了治理的振兴，是无法实现振兴的。

因此，乡村治理这个重要性就凸显出来了。何为乡村治理？何为社会治理呢？其实最近10年来，学术界、思想界不少人在积极关注这个问题，提出所谓的强调多中心治理的治理方法。这个话说得对吗？我觉得也对，但是我觉得在今天中国社会治理语境下面，最核心的问题可能不是多中心、多主体的问题。为什么这么说呢？因为，乡村治理从本质上来说是国家治理的组成部分，从这个意义上讲，乡村治理核心是治国理政在乡村的实现，是治国理政的一个组成部分。因此对于乡村治理，我们更应该看到它的国家治理性质。

比如，我们会说三治结合——即自治、德治、法治相结合。法治背后是一个国家，我们强调它的国家性的同时，并不是否定多元体参与，而是提醒大家何为体？何为用？就是各种潜力的挖掘，体和用不要搞混淆了，这是第一个问题。因此，乡村治理的核心在于其国家性质。另外德治也体现了中国社会道德文化属性。

第二个问题，大家对今天的乡村治理状况不是特别满意，为什么呢？归根到底在于治理效果问题，我们的治权在削弱。为什么治权在削弱呢？大家都是一线工作者，感觉干事很费劲。为什么事情越来越难做呢？因为社会已经变了，变在哪里呢？我们治权又变在哪里呢？乡镇政府机构说到底功能不完备，选择权是有限的，资源也是有限的，办事处处碰壁。我们再来看一下乡村这个乡镇下面的"一条腿"，在全国范围内，像嘉善这种地方是很难得的地方，对全国大部分乡村来说，大部分是没有资源的。没有资源怎么做事，没有资源怎么调动人的积极性呢？做什么事情都要有人、财、物等相关资源，然后再有各种考核与奖惩手段，才能激发大家的积极性。我们看到村里干部只是在应付上面考核检查、填报表，而很多实际工作，只能靠卖自己的面子来做，请亲戚朋友来做，结果越做得罪的人越多。为什么这么难做呢？因为乡镇下面本来还有另外"一条腿"——村民小组，但为节省经费而被长期忽视，导致其没有发挥作用。

村民小组其实是非常重要的，把村民小组经费砍掉，就为了节省那么一点开支，得不偿失。怎么看待今天的村民小组？我们讲的村集体产权是以村民小组为整体的产权单元、产权主体，其实村民小组就是过去的生产队，也是真正的村集体，是村土地真正的产权所有者。20世纪50年代末农村开始建立人民公社、生产大队、生产队，1961年，毛泽东主席主持制定了《农村人民公社工作条例（草案）》，进一步明确了在人民公社实行"三级所有、队为基础"的制度。生产队其实是三五十户组成的农村生产队伍单位，是一个紧密的集体。改革开放后，生产队改为村民小组，在我看来，村民小组是乡村治理的第一道防火墙。因此，从组织架构来看，乡镇、村、村民小组三级基层组织架构是存在问题的。

我们再看看老百姓，今天的老百姓越来越"不服管"了。老百姓对未来的期盼不在村庄里面，而在村庄外面。对于乡村年轻人来说，一有机会能走就走，且走了就不愿意再回来了，这个时候你怎么办？过去村庄是一个共同体，人们很在乎彼此之间的相互依存，村民各自没有多少资源，如不互助是活不去的。因此，那时的农村是个亲情社会、熟人社会，村民也在乎自己的名声，会在乎别人的评价。但在今天的市场经济社会，谁会在意别人的评价呢？因为你我没有关系，因为你我的各种需求可以通过市场购买，所以今天村民的工作也就越来越难做了。

很显然，这是一个小乡村治理逐步成长过程中的阵痛，我们需要予以重视。

在乡村振兴的背景之下，我们该怎么做呢？其实我们也在思考，乡村振兴是要借助各种智慧的，那能不能借助传统智慧呢？我认为可以，但后者不应是主导性的。比如说，我们可以请乡贤配合开展工作。同时要注意传统的乡村治理模式并没有想象的那么好，要注意避免其中的消极因素。

从中华人民共和国成立后的70年历史看，在乡村治理方面有很多的经验教训。这70年总体来说中国一直是蒸蒸日上的，如果给这70年一个整体性的评价，我认为起码85分，甚至90分，不然难以想象中国农村如何能发展到今天这个地步。如果说中国乡村治理是成功的，这里面的成功经验又有哪些呢？我觉得有3点：第一是党政统合的治理模式。其实此前若干年，很多人会说党政分开、政企分开等。而我始终认为在基层治理，党政是分不开的，党政必须统合。为什么？中国社会治理结构与现代西方社会特权化的资本权贵治理结构是不一样的，美国真正的"老大"是华尔街，不是特朗普。中国没有资本专制，中国的现代化建设是在基础差、底子薄、贫穷落后的条件下起步的，是由一群先进分子组成的中国共产党带领人民发展起来的。因此，中国是政党推动现代化的模式。

党政统合模式在中国基层治理中的有效运用，促成一种新的格局，就是"支部建在村上"，这样就使得我们的基层政权通过党支部把村民聚起来。要想发展必须组织起来，这个"组织起来"说起来容易，做起来难。组织是需要巨大成本的，是需要先锋队组织来承担的，今天在乡村依然有党组织体系的，是不能自己主动放弃的。基层党组织在基层治理中以面面俱到，但只要初心还在，就能纠正错误，轻装上阵，攻坚克难，取得胜利。反过来讲，如果没有了党的基层的组织，共产党从乡村撤退了，那么谁来填补这个空白？所以，我们可以看到在基层必然是党政两种组织同时存在，共同推进乡村治理。

第二是创建集体产权制度。中国从20世纪50年代初的互助组、合作社，到20世纪50年代末的人民公社，形成了以农村土地集体产权制度为基础的农村集体经济制度。这种制度把很多权益给了农民，土地集体所有制下的土地确权后，村集体仍然保有一定的资源，这是保证农民在这个集体当中收益的制度安排。因此，在这一轮确权的过程中，绝对不是简单地把村庄集体土地卖掉，而是应当寻找一个集体产权分离与统合的平衡点，这是我们一线工作者要好好考虑的重要问题。

第三是村庄的建设。乡村治理怎么样进行呢？根据上述经验，我觉得需要因地制宜，因为中国差异非常大。有人会说，农民早晚要进城的，我觉得三分之二以上的农民能够进城，不是指进城打工，而是指进城买房子定居。

如果说中西部地区农民进城仅仅是为了打工，那他们不算是真正的进城市，事实上其中有能力在城里买房子的不到三分之一。对没有能力买房的多数人来说，他们是怎么想的呢？有的人拼成功了，你说回村吧，他说打死也不回去，最终在城市里面做"蚁族"。面对这种情况，乡村应该怎么建设，怎么振兴呢？这时候中西部地区乡村可分两种模式操作：一种是辅助生存，在乡村设立集中住房用地，这对于中西部地区来说是一个保障。一旦经济不景气了，城里工作丢了，要保证回乡者"饿不死"，"饿不死"就不会出乱子。而对于那些具有一定发展规模的村庄，应该加强基本公共服务，尽可能缩小城乡差别，对生活设施做一些改善，让村民可以安心在村里养老。我们会看到一种趋势，就是"铁打的城市，流水的农民工""铁打的城市，流水的老人"。

最后一点，今天我们在谈乡村治理的时候，乡村振兴治理问题就一窝蜂出现。乡村社会治理很难，因为农村的社会是模糊的。既然如此，我们就应该对乡村社会保留一定的宽松度，让它有一定的自我修复、自行完善的空间，应该给基层治理者一定的权利，这样才能发挥大家的积极性。

城镇政府在乡村振兴中的探索与创新

圆桌嘉宾

马红屏　浙江省嘉兴市嘉善县天凝镇党委书记，浙江省嘉兴市嘉善县西塘
　　　　镇原镇长

范宇豪　浙江省嘉兴市嘉善县魏塘街道党委副书记，浙江省嘉兴市嘉善县
　　　　天凝镇原副镇长

刘志平　上海财经大学长三角与长江经济带发展研究院副院长、上海财经
　　　　大学城市与区域科学学院副研究员

靳　勤　保利物业股份有限公司副总经理、保利城市建设服务有限公司董
　　　　事长

主持人：今天非常荣幸邀请几位嘉宾，分享社会治理当中的宝贵经验，一起来探讨社会治理问题。

2003年10月，西塘古镇被列入第一批中国历史文化名镇。2017年西塘古镇晋升为5A级景区，被誉为"活着的古镇"。首先请长期在西塘古镇社会治理一线工作的马红屏镇长，来分享一下宝贵经验。

马红屏：今天很高兴和大家一起探讨乡村治理这个问题，到目前为止我也一直在探索中。我已经是第二次在西塘工作，这次回西塘才50天，而保利物业进驻西塘古镇已经有几年了。从这几年保利物业进驻古镇的过程可以看到，保利物业是将这个小镇视为一个大家庭的，在精心呵护的同时，带来了"亲情和院"的家文化，也构建了更宜游宜居的环境。将专业的管理理念带入我们小镇，注重环境秩序、关注环境卫生，包括道路、河道保洁等方面，养护路灯和墙面等等，带给游客和原居民更多的享受与福利。

主持人：我们将视野从西塘镇转移到有"鱼米之乡"美誉的天凝镇。天凝镇在深化社会治理和保护环境方面取得了诸多成效，引起广泛关注。请范镇长介绍一下，这些成效是如何实现的。

范宇豪：天凝镇距离县城较远，公共服务管理相对落后。随着新农村建设号角的吹响，我们逐渐认识到统筹农村经济发展和社会治理的重要性。在乡镇全域化公共服务管理方面，2017年6月，保利物业公司成功中标了天凝镇公共服务管理项目。2017年7月，天凝镇与保利物业公司签订了关于公共管理项目的合同，规范地实现委托管理项目合作落地，迈出了天凝镇以委托管理方式开展社会综合治理的第一步。2018年3月，经过半年多的尝试和运作后，专业化管理效果得到了真正体现，双方的初次合作就取得圆满成效。2018年6月1日，保利物业再次通过招投标获得了天凝镇公共管理项目的运营权。天凝镇的全域化管理项目，涵盖了城乡保洁作业、垃圾中转站维护、老旧小区地面整治以及社会治安安全委托管理和辅助监管等。

主持人：从刚才范镇长的分享中，我们看到了"政府+企业"的新公共服务模式的雏形，为我们开拓了新思维。社会治理不仅需要实践探索，也需要理论研究。上海财经大学刘志平教授的团队在社会治理方面开展了长期研究并取得不菲的创新成果，接下来请刘教授分享一下其团队有关社会治理与公共服务的研究成果。

刘志平：近两年来，我们上海财经大学的课题组就企业参与社会治理的命题进行了持续深入的分析和研究。我们认为，在现代社会治理体系中，组织体系是主体，制度体系是依据，运行体系是路径，评价体系是标准，保障体系是支撑。它们互为一体，构建起现代社会治理体系互通的网络。在实践中，如何发挥5个体系在共建共治共享的优势？我们跟踪保利物业，结合实际案例，对发挥社会治理的5个体系优势，推动共建共治共享格局的形成等课题进行了探索和实践，在理论和实践上都取得了可复制和可运营的成果。下面我就政府和企业如何参与社会治理谈几点想法。

一是我们要做什么？

企业和社会组织在公共服务的供给侧管理方面要有明确的需求目标。

政府在对公共服务市场的监管中，对协调、监管等行为难以做出准确的定义和划清明晰的边界，在工作要求、质量标准、评价方法等方面并没有统一有效的标准与方法。为了解决这个问题，相关主体需要事前调研和走访，了解公共服务构建的内容并预设其产生的社会和经济效益，调整政府部门的工作内容和绩效考核方式。真正做到政府部门职能转变和职责调整，要在制度安排和协调、监管上下功夫，从问题导向和结构导向出发，采取精准的方式，选择合适的企业和社会组织等社会力量参与社会治理。

保利物业已经在现有的景区管理模式和开放的管理模式方面进行了很好的实践，我们通过实地调研和座谈，提出"有所为，有所不为"的治理理念。为了避免一些负面效应，我们采取"试点先行、以点带面"的方式逐步进入公共服务领域，在不同阶段解决不同问题，同时规范管理流程、提升管理水平。保利物业在过去两年进行了成功探索，走出了一条新时代物业公司创新城镇全域化服务管理的新路径。

二是我们应该怎么看待参与主体？

公共服务管理主体包括政府和企业两个层面，我想重点谈一下政府层面的思考。从政府层面考虑，重点是在社会治理创新当中，政府如何在现有职能的情况下实现职能转变？政府一方面必须有改革意识，个人认为改革意识的基础就是公共服务的许多问题必须通过日常管理的机制化制度安排来解决，而不是一味地追求创新。另一方面，政府在寻求解决方案时，需要回归到政府的职能、职责的程序与规范之中。

三是我们应该如何做？

公共服务管理从根本上要解决标准化问题，这是所有工作的前提。我们认为，标准化在当前提升公共服务水平方面起到了很大的作用，对于完善公共服务体系有着重要的意义。从目前在乡村治理的实践来看，标准化在乡村公共服务管理实践过程中具有4个大的作用：第一，标准化推动乡村治理的精准化。第二，通过乡村公共服务管理的标准化做法，能使企业和公众了解乡村治理和社会工作服务及各个部门间的职责流程，也能减少管理者、服务提供者的随意性。第三，标准化可以推动乡村治理进程。我们通过公共服务的标准化可以巩固乡村治理和乡村公共服务成果，并促进乡村治理和乡村公共服务不断完善。通过政府基层公共服务管理功能最大化、市场化的方法，可以有效解决乡村市场体制不配套、市场主体缺失、市场竞争不足、经营管理队伍建设滞后等问题，证明政府购买企业提供的乡村公共服务的可行性和有效性，打破基层公共服务管理行政化垄断，激发乡村活力。第四，通过标准化提高乡村治理和公共服务的效益。通过标准化划清行政管理边界、优化服务流程，确保乡村公共服务的有效运行。标准化可定义为一个治理机制，让政府、企业和社会通过规范化公共服务有效解决问题，优化政府部门公共服务管理和乡村治理，实施两者之间公共服务管理供给模式的差异化发展战略，实现最大化的动态治理。上海财经大学团队正致力于乡村公共服务治理信息化研究，通过与保利物业合作，建立公共服务管理的云平台，推广乡村公共服务管理大数据的社会应用，建立一个"会说话、会说理、说真话"的大数据云平台，为公共服务管理市场利益相关方，即政府、企业和其他社会组织提供基础数据和决策支持。

主持人：谢谢刘志平教授，他深入浅出的阐释让我们更加明晰公共服务管理创新的发展方向。保利物业从2016年就已经开始实施城镇基层公共服务治理的项目，保利物业的靳勤先生在此方面做了大量的实践探索，取得重要进展，接下来有请靳勤先生分享他的经验。

靳勤：城镇公共服务模式，源于将物业管理专业价值延伸到公共服务管理领域的创新探索。这个模式从提出到实践，我们酝酿了两年多的时间，付出大量的心血。下面我简要汇报保利物业在这两年时间里面怎么想、怎么做、解决了什么、以何种方式解决、以什么样的标准来做。

公共服务创新实践里面最核心的是要明确公共服务的本质和企业自己的定位。面对城市服务发展新潮流、新挑战，企业需要突破瓶颈并克服困难，响应习近平总书记提出的乡村振兴战略，以物业服务为基础，探索城市服务新蓝海。在创新服务的实施过程中，我们不断完善服务理念，优化服务方案，并将其定义为"公共服务管理"和"公共服务基础"。

公共服务基础板块，主要包括传统的物业服务板块，如医院、学校、公共交通等为公众提供服务的领域，统称为公共服务基础或基础性公共服务。我们今天讨论的重点是公共服务管理，帮助政府提供部分服务和管理服务。目前存在3种模式。

第一种模式：景区网格化管理模式。从2016年开始，我在与各地党委和政府领导干部沟通时发现，每个乡镇乃至县级党政领导干部都面临一些很难解决的问题。县市和乡镇承担的责任和事务非常多，但是他们手上有多少人力、物力、财力资源可以调动，以保证完成党中央和上级政府下达的任务呢？我们当时想，如果可以将景区作为一个大社区来精细化运营管理，提高有限资源的效用，是否可以解决部分问题？基于这一点，我们尝试着为西塘镇政府制定了一份详细可行的方案。为保证"一炮打响"，我们把现场调研方案做得非常详细，并选择了"五一"旅游高峰期进行10天的免费服务尝试，试验取得了不错的效果。在景区，我们充分调查以了解需求，采取了针对性管理服务措施。我们落地了网格化管理，将整个景区划分为多个网格，按照网格管理模式运营，并提供治安管理、消防安全、食品卫生、工商辅助监管和河道管理等方面的一体化解决方案。在政府领导支持下，在保利物业的协同服务中，西塘景区的风貌得到了进一步的提升，如愿以偿升级为5A级景区。

第二种模式：城镇全域化服务模式。该模式是对原有管理模式的升级。经费来源充足、条件好的景区可以管好，那经费来源少、基础薄弱、问题积累多的农村能否管好？我们反躬自问：假如"政府+企业"的力量都不能够把老百姓最基本问题解决的话，那还有谁能真正地解决呢？因此，在前面探索成功的基础上，我们大胆尝试"政府+企业"公共服务协同社会治理模式。通过公开招投标和谈判，最终，我们获得了在天凝镇实现服务构想的机会，并探索形成了"7M"的管理模式，就是全域化管理模式。全域化管理模式的落地，难度很大，业务范围涉及城市服务管理各个方面，不只是有市场综合监管、农贸市场监管，而是包括城市道路、路灯、河道管理，治安巡逻和检查、楼宇服务，城市市容市貌监管、食品安全、工商辅助监管等各个方面。只要政府购买服务，我们都可以承接。通过我们的整体统筹、综合运营管理，原来需要七八人管理的事，现在只需要三四人即可，节约了人力成本，提高了效益，最终形成了较为成熟的城镇全域化服务治理模式。

第三种模式：城镇菜单服务模式。针对不同城镇的特点，结合当地资源和文化，制定个性化的管理方案。模式可以大同小异，但是每个城镇的特殊情况都需要不一样的方案。我们囊括了文旅、产业和特色产品等项目，形成服务菜单，逐步向城镇推进，供大家选择。这有可能包括当地的农产品，包括田园、农庄，包括将来打造的文旅综合体，都会是"服务菜单"上可以逐步添加的项目。当然，我们是"有所为，有所不为"，有些工作确实没有办法做，有些需要政府委托其他专业机构去做的事情，我们就不再做了。这是我们的3种模式。

保利物业之所以能够这么做，主要依靠以下4个方面的支持。

第一，央企参与社会治理的社会责任感。保利物业作为央企物业，员工队伍良好的职业素养、专业水平和有效的执行力保障了项目的落地实施。另一方面，保利的人文体系亲和通达，服务品牌形象好，口碑好。遇到问题时，我们永远是以友好协商为主，建立稳定的合作关系，维持良好的经营环境。

第二，注重人才培养。通过培养专业人才和合理调配资源，落实"三三制"原则，每一级永远都有3个人作为梯队管理对象，当新项目出来之后，我们马上就会有新的人员配齐梯队。

第三，制度和体系的建设。在建设过程中，保利物业形成了一套标准化的、相对完善的制度和体系。

第四，信息技术和信息知识体系。保利物业正在打造数字化系统，未来会将公共服务平台与全国的社区平台打通，打造我们的服务管理平台和管理信息系统。

在这几年的探索实践中，有3点启示。

一是我们在服务过程当中，服从党委、政府的指挥，保证党委、政府的意见的贯彻执行，全面落实到位，这是党建引领、政府主导的具体体现，也是做好城镇公共服务的基本前提。

二是服务和监管相结合，支持优化政府管理改革。城镇全域服务模式能够把政府工作人员的精力从大量的行政事务中解放出来，投入需要他们发力的地方，如专门对企业进行监管和指导；也可留出一部分精力去管理、去创新。

三是坚持党建引领，强化党的基层组织建设，落实"为人民服务"的宗旨。无论在服务管理措施的执行，还是公共服务的提供，最终目的都是让老百姓满意。为此，在我们服务的每一个镇，都成立了自己的党支部，都跟随当地党委、政府，密切配合，贯彻落实党建引领的各项政策措施，做好城镇公共服务治理的每一项工作，让人民群众满意。

主持人：谢谢靳勤先生的精彩分享。保利物业作为一家央企物业，已经深度参与社会治理当中。亲自参与并见证全域服务治理实践的西塘镇镇长马红屏应该有很多话要讲。请问马红屏女士，您对于央企参与社会治理有什么样的看法和见解呢？

马红屏：曾经有人问我，为什么选择保利物业？我认为有两点原因，首先是服务质量和服务经验。上海高品质的居民小区业主认可保利物业的服务，可以充分证明他们的服务质量和服务能力。其次是团队培养和协作精神。保利物业整个队伍形象很好，包括执行力和协作精神都很强，是一支专业的团队，从保利物业这两三年在嘉善探索实践的模式中就可以看到。全域化管理范围中，涵盖的业务类型和项目内容非常广，作为有央企背景的物业服务公司，在承担小镇、小区更复杂的项目上更有实力。

写在后面的话

在乡村振兴国家战略推进过程中，乡村的振兴，与城镇的振兴、城市的发展是一个完整的系统。距离乡村最近的城镇，一端连接着乡村，另一端连接着城市，在乡村振兴中发挥着节点和枢纽作用。乡村的振兴，是包含乡村治理的总振兴。乡村治理面临一系列复杂的问题，需要通过提升治理水平，提高人民群众的幸福感。为解决乡村治理问题，实现乡村振兴的梦想，在广袤的乡村大地上，有一些组织，有一群人，在进行着村镇社会治理和公共服务领域伟大变革的实践与探索。

这场打造未来社会美好生活场景的帷幕刚刚拉开，这里不仅需要有奋斗者的疆场，更需要一个激发思想灵智的开放交流平台，以汇聚城、镇、村、企等多方的创新信息和新型能量，为乡村治理注入新的动力。

　　首届镇长论坛的举办，正是在响应乡村振兴国家战略的背景下，关注城镇乡村领域的社会治理创新，为城镇治理主体提供一个政、产、学、研思想大融合、智慧火花大碰撞的交流平台。与会嘉宾围绕"人文镇兴，美好同行"的主题进行了深入的交流和探讨，在论坛中提出了"城镇村企联动""特色小镇4.0""地方品质""公共服务标准化"等新概念、新观点，带来城镇治理的全新视角和创新思维。同时，本届镇长论坛的举办地——浙江嘉善，位于长三角一体化经济圈中，在城镇治理创新领域取得了一系列成果，为与会嘉宾展现了市场化主体提供公共服务、协同社会治理创新所带来的城镇新风貌、治理新思路。

第 2 季

精细善治　镇兴中国

第二届镇长论坛

论坛时间：2019年11月22日

论坛地点：上海市宝山区罗店镇

论坛主题：精细善治　镇兴中国

主办单位：上海市宝山区人民政府
　　　　　发改委中国城市和小城镇改革发展中心
　　　　　上海财经大学
　　　　　保利发展控股集团股份有限公司

承办单位：上海市宝山区罗店镇人民政府
　　　　　上海财经大学长三角与长江经济带发展研究院
　　　　　保利物业发展股份有限公司

新时代我国社会的主要矛盾，是人民日益增长的美好生活需要和不平衡不充分的发展之间的矛盾。在城镇治理领域，人民提出了越来越多、越来越高的要求。唯有通过"精细化"的治理，才能更好满足人民群众对社会治理和公共服务的需求。而以政府作为社会治理和公共服务供给单一主体的模式，已经很难满足"精细化"治理的需求。

党的十九届四中全会明确提出，坚持和完善共建共治共享的社会治理制度，保持社会稳定、维护国家安全。建设人人有责、人人尽责、人人享有的社会治理共同体。完善党委领导、政府负责、民主协商、社会协同、公众参与、法治保障、科技支撑的社会治理体系，在党委领导的基础上强调民主协商，在法治保障的基础上强调科技支撑。

在新时代城市更新和城市文明建设的背景下，社会治理的关键在于"精细化"，而上海在"精细化"治理方面一直走在全国的前列。第二届镇长论坛在上海市罗店镇举办，以"精细善治，镇兴中国"为主题，以创新社会治理、乡村振兴、城乡一体化发展、打造共建共治共享社会治理格局等社会需求为根本，以理论与实践相结合的形式，以更加精细化、专业化的高质量"公共服务"，响应中央提倡多元化供给，在善治基础上生长的治理生态，成为城乡生态发展的基础。本届"镇长论坛"旨在搭建一个政界、学界、业界多方交流平台，用细心、耐心、卓越心，提高精细化管理水平，致力精细服务到"最后一公里"。

本届论坛围绕"精细善治"这一主题，安排城镇治理精细化实践创新的调研地点，让与会嘉宾在现场观察、体验精细治理与精细服务的成果。

实地调研

2019年11月23日，300多位镇长、专家学者和媒体代表，深入上海罗店镇等地调研。近年来，罗店镇以第三批国家新型城镇化建设综合试点为契机，深入贯彻落实党的十九大精神，坚持"共建共治共享"的理念，走出一条创新社会治理的新路子。具体做法是以罗店镇在全镇21个村、30个居民区、4个园区建立的党建服务站为主体，由保利物业在目前所服务区域建立服务前置节点，建立与罗店镇政府有关机构的联动、联勤、联防、联治机制，从而提升服务群众效率。

主题演讲实录

现代化治理体系中的乡镇
与乡镇的现代化治理

演讲人：范恒山（经济学家，国家发展和改革委员会原副秘书长）

　　党的十九届四中全会强调：顺应时代潮流，适应我国社会主要矛盾变化，统揽伟大斗争、伟大工程、伟大事业、伟大梦想，不断满足人民对美好生活新期待，战胜前进道路上的各种风险挑战，必须在坚持和完善中国特色社会主义制度、推进国家治理体系和治理能力现代化上下更大功夫。

　　乡镇是最基层的政权机构，是国家行政组织体系的重要组成部分，也是国家现代化治理的基础。推进国家治理体系和治理能力现代化，应高度重视并深入推进乡镇治理，努力实现乡镇治理的现代化。

　　一、体虽小矣、功莫大焉——乡镇治理在国家治理中承担着重要职责

　　乡镇是全部工作的落点，起着"托底"的作用。国家经济社会事务纷繁复杂、千头万绪，虽然各个行政层级都负有一定的使命和职责，但"上面千条线，下面一根针"，作为最基础的行政层级，乡镇几乎担负着将所有任务统揽全包的责任。可以说，乡镇是最终落实国家各项工作任务的主体，是一系列具体事务的直接操盘手。

　　乡镇是各种治理的源头，起着"固本"的作用。乡镇是具有自然、社会、经济特征的地域综合体，兼具生产、生活、生态、文化等多种功能。从根本上说，是一切经济社会活动产生的源头，因而也是一切社会治理肇始的端口。实践和逻辑都表明，社会治理的基础在基层，薄弱环节在乡

镇。社会上流行的两句话可谓十分贴切与形象，一句叫"美在农村、乱在乡镇"。农村美则国家美，而乡镇乱则田园乱，美丽国家的形象有可能就毁于乡镇的混乱。另一句叫"基础不牢、地动山摇"，乡镇的各项工作不坚实，则会在整体上影响国家社会经济发展，最严重的后果是国之大厦将倾于乡镇垮塌之时。因此，在国家治理体系中，健全乡镇治理体系，夯实基层治理基础，起着固根强本的作用。

乡镇是富民强国的依托，起着"支撑"的作用。从总体上说，作为经济基础和社会基石，乡镇兴则国家兴，乡镇衰则国家衰。乡镇振兴意味着现代农业产业体系、生产体系、经营体系的构建，意味着农村一二三产业的深度融合发展，还意味着特色经济的蓬勃发展，意味着特殊结构和机制产生的旺盛活力和强劲创新力。乡镇振兴也意味着城市的高质量发展，这不仅是因为小城镇本身就是城市结构的重要组成部分，还因为乡镇是城市资源和要素的重要提供者。乡镇振兴还意味着乡镇连接城乡、亦城亦乡，带来城乡一体化发展，这使其成为促进城乡协调联动发展的关键载体和重要平台。因此，乡镇发展关系国家经济社会整体发展，关系全体人民共同富裕。

总的来说，在市场一体化加快推进，城乡联动不断增强，现代共享技术日新月异发展的环境下，乡镇的地位更加突出，作用更加重要。优化乡镇治理有利于打造共建共治共享的现代社会治理格局，对推进国家治理体系和治理能力现代化起着十分关键的作用。

二、形似坚实、实显弱态——当前乡镇治理面临着一系列严峻挑战

与宏观环境、管理理念和体制状态等密切相关，我国乡镇走过了不平凡同时也不平衡的发展历程。有时，乡镇一级体现出较强的治理能力，在贯彻上级决策、解决民众困难方面发挥了重要作用，成为党治国理政的坚实基础；有时，面对着变化的社会环境和复杂的经济社会活动，乡镇难以有效处置，显现出力不从心的状态。党的十八大以来，随着党的建设的整体强化，国家行政体制改革的持续深化，乡镇治理状况也得到明显改善，治理体系不断完善，治理能力显著增强，总体上正在朝好的方向发展。

然而，面对市场经济深入发展、城乡一体联动日益深入、城市集聚效

应不断增强的社会环境，受制于相关体制与利益关系，坚强有力的乡镇治理体系仍然没有真正形成。尽管一些地区乡镇政权的治理能力堪称高超、令人赞叹，但实际上已显出比较薄弱的状态，难以承担推进国家治理现代化的重任。

概括地说，目前乡镇治理面对着4个方面的不利情势和挑战。

一是面对生产经营由市场决定，而市场决定受制于千变万化的外部环境与生产者自主行为的情势，由此不得不面临着既不能直接指令又需要科学引导，从而保持经济持续发展、人民生活稳步提高的挑战。

二是面对着向上需要承接各项政策指令、向下需要包揽众多管理事务的情势，由此不得不面临着工作繁杂、责任重大但权力有限、财力不足的挑战。

三是面对着城乡体制二元分割、农村资源要素无法平等交易，且又大量向城市流转的情势，由此不得不面临着辖内经济社会需要向上推进而资源要素却大量向外流失的挑战。

四是面对着村（社区）级干部民主推选，而选民构成族群色彩明显的情势，由此不得不面临着无法直接委任村级干部却又需要对乡村实现有效管控的挑战。

这些挑战直接考验着乡镇治理能力。换言之，能否有效化解这些挑战，就成为能否实施乡镇现代化治理、构建乡镇社会治理新格局的关键。

三、以人为本、以物做镜——推进乡镇现代化治理要把握好关键环节

乡镇现代化治理的目标是，通过形成强有力的治理体系，打造经济发达、社会和谐、民风文明、家园美丽之活力充足、魅力无穷的乡镇。要达到这一目标，总的思路应当是以人为本、以物做镜，并立足于此，把握和抓好一些关键环节。

所谓以人为本，核心是抓住人这个关键因素，以人为中心地推进乡镇治理工作。换言之，乡镇治理的核心指导思想是：为了人、依靠人、改造人、愉悦人。

所谓以物为镜，就是要把乡镇的发展水平和美丽状况作为衡量治理体系和能力现代化的标准。治理是为了发展，治理应当是发展中的治理，治

理要与发展并行。也不仅仅是经济发展,它是发达、安宁、舒适、文明和美丽的统一体。

围绕这一思路,构建乡镇现代化治理新格局,要努力抓住下面10个方面下功夫。

1. 完善行政体制。基于作为基层政权的本质和乡镇工作的具体实际,按照"不简单照搬上级机关设置模式"的原则,进一步健全组织机构。处理好条块关系,最大限度地减少条条控制,保障乡镇党委、政府对辖区内所属机构领导人选任与监督的必要权力。完善村与社区班子的选任制度,强化党对社区自治组织的领导,推荐社区党员以合法的身份与途径进入村与社区领导班子,在特殊情况下可以由乡镇党委政府直接委任。

2. 保障权责匹配。切实解决"财权上收、事权下移"的问题,结合"优化政府间事权和财权的划分,建立权责清晰、财力协调、区域均衡的中央和地方财政关系"的改革,理顺乡镇事权与财权关系,确保事权与财权相匹配。

3. 促进大众参与。完善人民群众参与乡镇治理的机制与渠道,充分发挥群团组织、社会组织的作用,实现政府治理和社会调节、村民(居民)自治良性互动,不断提高乡镇治理的社会化水平。

4. 突出专业操作。运用市场化机制,推动包括特色企业、独立机构等专业团队以承接政府或社区购买服务的方式参与乡镇治理。通过第三方加入,分担乡镇公共服务,促进乡镇治理的精细化、效率化与持续性的提高。

5. 推进城乡协调。现代化的乡镇治理是一个系统工程,离不开城市的配合与支持。一方面,要通过深化改革,进一步破除城乡二元结构,把农村资源要素全面纳入市场化轨道,建立城乡资源要素平等交换的机制;另一方面,在实行农村"三权分置"等改革的基础上,推动城市优势生产主体、先进技术手段和现代经营方式进入乡镇,促进乡镇现代化发展。

6. 建设数字乡镇。加快乡镇数字基础设施建设,借助城市数字"大脑"系统,构造乡镇智能化治理体系。在乡镇推行网络化管理服务,强化数字技术在乡镇规划、建设各相关领域的运用,不断提高乡镇治理的质量与水平。

7. 强化人才支撑。进一步落实"有计划选派省市县相关部门有发展潜力的年轻干部到乡镇任职"的规定，采取更加有力的措施，推动优秀人才向乡镇、向村与社区集聚。加大推动专业人才到乡镇挂职、任职的力度，持续推进乡镇、村与社区干部的能力培训。结合公务员职务职级制度改革，加大优秀乡镇干部职级提升力度，切实稳定乡镇干部队伍。

8. 夯实道德基础。强化教育引导和典型示范，推动乡镇社会公德、职业道德、家庭美德和个人品德建设，激励人们诚实信用、向上向善、孝老爱亲、忠于国家，让德治贯穿乡镇治理的全过程，成为乡镇实现自治、法治的重要基础。

9. 健全治理规制。系统梳理乡镇发展建设的各项事务，分门别类制定可把握、可操作的管理条例，将乡镇治理全面纳入法治化轨道，并厘清政府与公民的责任，依法严格管理。建立标准化的治理服务指标体系，把涉及乡镇发展的各项因素数量化、精细化，严格对标建设与治理。

10. 实行以治助改。适应推进新型城镇化、优化城市结构、改善空间布局等的需要，适时将一部分乡镇改转为城市。在严格把握经济实力、人口规模、地域范围等必要条件的同时，把乡镇治理的现代化水平作为镇改市的优先条件和重要标准，使现代化治理成为助推镇改市的一个关键手段、一种核心动力。

小镇春秋

——从小城镇发展历程看小镇治理

演讲人：沈　迟（中国城市科学研究会副秘书长，中国城市和小城镇改革发展中心原副主任）

改革开放初期，安徽省凤阳县小溪河镇小岗村18个农民，率先实施了联产承包责任制，就是想自主经营，我的地我自己种，种什么我做主。这样可调动农民积极性，发挥土地资源的效用，这和治理的理念也是相通的。

我们的小镇发展和城镇化发展是一样的，都是在农村和农业奠定的基础上发展起来的。在农业非常稳定的情况下，城镇化才能够顺利开展。城镇化开展，首先也是从思想解放开始，1984年中央废除了《关于劝止农民盲目流入城市的指示》。家庭承包责任制让数亿农村家庭摆脱了贫困，这是一个巨大的变化，农民进城促进了小城镇的发展。

小城镇发展，最早的"春天"是20世纪80年代。1984年我国提出了将社会企业统一改称为乡镇企业，1986年我国又明确提出，乡镇企业为化解我国农村耕地有限、劳力过多、资金短缺的困难，为建立新的城乡关系找到了一条有效的途径。随着农村经济的繁荣、小城镇贸易的增长，镇的桥梁和纽带作用逐步得以复苏。

小城镇突起时，是以新城镇发展为主的。在此期间，第一代明星小镇兴起。在乡镇企业最辉煌的时期，工业产值几乎占了一半。这个时期的小城镇发展是达到了顶峰的，乡镇企业助推了小城镇发展。

1998年中共中央首次提出了"小城镇，大战略"的目标，这是推进城镇化的重要途径。东南沿海的对外开放形势非常红火，广东省的东莞、中山、顺德、番禺都是以小城镇为载体实现经济迅速发展的，而第二代明星小镇则包括小榄、虎门、龙港等。

再到后来，东南沿海的小城镇面临重要挑战，难以吸收农村劳动力转移。历经10年发展而成的资源价格高企时，城镇收入暴涨，镇区人口在全国总人口的占比由1978年的20%上升到34.87%；小城镇公共财政收入1.24万亿元，占全国公共财政收入的7.77%；小城镇企业实缴税金1.67万亿元，占全国税收总收入的12.79%。一些镇的财政收入甚至大大超过其应有的水平，是经济增长最具有活力的来源之一。同时，我们的小城镇普遍已经成为农村的公共服务中心。因为我们国家地域广阔，城市只有600多个，难以覆盖全部农村公共服务。所以农村公共服务设施的主体分布在小城镇比较多，小城镇已经成为农村公共服务的中心了。

大城市周边，已经成为流动区。进城务工人员大多数住在城市郊区的小城镇出租屋里面，北京进城务工人员中租住各类房屋的人群占比为51%，居住在城郊地区的人群占比为48%。

最后讲一下特色小镇，大家一直都比较关心，我用"冬天里的一把火"形容特色小镇问题。《土地法》颁布之后，我们的开发更倾向于城市，农村集体土地要转换成城市国有土地才能开发。2002年召开的党的十六大，提出了坚持大中小城市协调发展，政策已经有所改变了，现有的小城镇开始转型了，服务小镇也开始发展了。2016年，国务院提出了要加快培育中小城市和特色小城镇，提升县城和重点镇的基础设施水平，加快拓展特大镇功能，加快特色镇发展。2018年，国家发改委发布了关于建立特色小镇和小城镇高质量发展的通知。这几个关于特色小镇的文件中，最关键就是对特色小镇提出了要求：立足产业"特而强"，功能"聚而合"，形态"小而美"，机制"新而活"，推动创新性供给与个性化需求有效结合，打造全新载体。

新型城镇化核心是以人为本，多年来我们持续推进农村人口转移，致力于使外来人口像本地居民一样享受服务。近年来由于特色小镇的推进，也形成了推进新型城镇化的一个新领域。

第一，特色小镇拥有极具潜力的特色产业，具有优势效应，可以提供工作岗位，能够通过小镇产业的发展推进城镇化。如果在农村的周围发展一些小镇，就能方便农民就近城镇化。

第二，特色小镇是促进城乡融合发展的载体。特色小镇大多数分布在城市郊区或产业园区里面。特色小镇具有连接城乡的功能，可以承接城乡特色转移，在城乡融合发展方面发挥了独特作用。

第三，建设特色小镇是实施乡村振兴战略的新途径。特色小镇是推动高质量发展的新平台，可以通过特色小镇建设促进乡村进步。利用当地的资源优势，瞄准最具有成长性的产业，在差异化定位当中构建小镇大产业，推动国家经济发展。

第四，特色小镇是创新升级的新空间。上海高新技术开发区和北京的中关村是可以产生独角兽企业的地方；而特色小镇，则是可以为年轻人提供低成本创业环境的地方。我们可以在特色小镇更加注重培育瞪羚企业，国际上有很多著名企业都是在小城镇或车库里面发展起来的。

当然，我国的特色小镇还存在着几个问题：

第一，规模不恰当。有些小城镇生硬地克隆大中城市的发展状态，一个小城镇范围划得很大，街区道路还分好几环。

第二，概念模糊。特色小镇是新业态，不是一级政府，它强调的是创新，不能把一般产业园区、旅游区、美丽乡村、田园综合体都冠以特色小镇之名。

第三，盲目制定质量和数量。2016年特色小镇概念提出后，2017年是一个发展高峰期，许多省区都宣布几年之内投资上千亿，建设100个特色小镇，完全不看自己的实力和实际发展水平。

第四，一些房产商以特色小镇为名进行开发。如说要在珠三角建10个科技智慧健康小镇，实际上这就不是科技小镇，而是房地产小镇。2017年，全国投资特色小镇，宣称投资最多的就是房地产企业。不是说房地产企业不应该开发，而是房地产就应该走房地产路径，特色小镇就应该走特色小镇路径。

第五，缺乏人口支撑。有很多小镇的人口在流失，已入选住建部首批127个特色小镇名录中的特色小镇的人口也在流失，其资金也难以支撑小镇发展，还可能产生巨大的债务风险。开发商房地产模式其实也是不适合特色小镇的，特色小镇是以产业为主的发展模式。

　　针对特色小镇的以上问题，我们需要重新梳理特色小镇的定位。第一，厘清特色小镇的存在对经济发展带动的关系。特色小城镇在不同的发展阶段都有不同的发展特征、发展机遇，要针对这些特征和机遇去准确定位和精准设计小城镇的发展路径。第二，厘清特色小城镇和城市群的关系。在城市群内部，大城市周边的小城镇是以市场为主导的力量，也是最强的小城镇。这些小镇可以充分分享大城市的公共服务，而自身又有低价优势。位于城市群外部的小城镇一般是不怎么强的，则需要自身经济实力达到一定的水平，能够服务好自身甚至周边一定区域，起到中心作用后，才能考虑特色小镇建设。第三，厘清小城镇、特色小镇和广大农村的关系，小城镇、特色小镇都是广大农村连接的桥梁，是广大乡村服务的中心，特色镇与小城镇是"嵌入与被嵌入"的关系。小城镇是有明确行政区划的政府管辖区域，而特色小镇则仅仅是在几个平方公里范围内集中建设的，由共同的平台组建的一个实体。

　　真正具有活力的特色小镇，可能只占小城镇总体的5%左右。全国有2万多个小城镇，而有活力的特色小镇也就只有1000个左右。特色小镇建设培育需要创新制度，不能用老思路、老办法，制度要在创新当中完善，改革要突出经验。

　　当然在新时期，小城镇和特色小镇是不一样的，需要各司其职。5%的小城镇经济发展红利非常强，我们就努力把经济发展好。但是大多数小城镇是靠财政转移支付的，没问题，你就把财政转移做好，你把公共服务做好，就完成任务了。特色小镇就是对产业、生活、制度3个要素进行创新。产业经济方面要有足够的规模，足够的先进性。生活要有环境，制度是一个软环境。有好的制度，小城镇或特色小镇就不断会有新的产业进来。

　　我们今天讨论的是制度模式变迁。首先，看一下小城镇模式发展趋势：新兴企业迫切需要适合创新创业发展的低成本空间，而小城镇成为优选之地。从我国区域发展战略来讲，小城镇未来仍然有很大的潜力。中国今年城镇化率已经突破60%了，有不少人关注的是城镇化率，而忽略了城镇化质量。我们应该反过来算，人们为什么要到城镇来？主要原因就是收入差距，城镇收入比农村收入高很多，如果城镇化率达到80%，乡村却仍至少有2.8亿的人口，则依然有进一步城镇化的动力。

从我们国家来看，小城镇发展不可能脱离城镇化政策，这从我国的历次五年规划也可以看出来。"六五"规划是控制大城市规模，"七五"规划坚决防止大城市过度膨胀，"八五"规划严格控制大城市规模，"九五"规划初步建立规模结构和布局合理的结构性发展，"十五"规划是实施城镇化战略，"十一五"规划把城市群作为城镇化的主体形态，"十二五"规划提出促进城镇化健康发展，"十三五"提出推进以人为核心的新型城镇化。

我们国家的小城镇间差距是非常大的，规模差距可以是几百倍，几十万人是一个镇，一两千人也可以是一个镇。面对这么大的差距，如何有针对性地治理？治理模式的创新和转化，就是时代的呼唤。

主题演讲实录

城市基础服务对区域经济发展的影响

演讲人：张学良（上海财经大学城市与区域科学学院院长、上海财经大学长三角与长江经济带发展研究院执行院长）

作为主办方代表，我想就"城市基础服务对区域经济发展的影响"主题分享几个方面的观点。

从行政区划角度来看，乡镇是我国最基层的行政机构，在国家经济社会发展中发挥着基础性作用。从人口数据来看，乡镇在人口集聚上有着举足轻重的作用。依据第六次人口普查数据，乡镇集聚了全国约五分之三的人口，乡镇总人口占全国比重高达69.71%。从经济数据来看，1984年，中央四号文件正式提出发展乡镇企业。乡镇企业从20世纪80年代的迅速崛起到20世纪90年代的跳跃式发展，不仅带动了乡镇工业的发展，优化了农村传统经济结构，打破了"城市－工业""农村－农业"的二元经济格局，成为农村经济发展的重要支柱，也促进了农村劳动力的转移，吸引人口集聚，成为城乡经济市场化改革和以工哺农的先导力量，推进了中国特色农村工业化、城镇化进程。当前，中国乡镇经济发展呈现出一定的地域差异，排名靠前的高质量发展强镇大多位于东部沿海地区，部分乡镇经济实力直逼地级市。但与此同时，部分乡镇却仍面临人口收缩、经济发展落后的现实问题。从乡镇数据看，依据《中国统计年鉴》数据，2001年镇的数量首次超过乡的数量。在这一过程中，我国不断调整行政区划结构，简化繁琐的行政结构，优化行政区乡镇数量。历经撤县设市、撤县设区等行政区划调整浪潮，镇的数量得以保持长期稳定。这是我们对"是什么"的回答。

对于"怎么做"的问题，我们认为要以"四个放在"的维度，做好乡镇发展文章。第一个维度，放在历史维度间。我国历史悠久，拥有一些超过百年历史、一直存续到现在的集镇，它们往往具有建筑历史风貌保存相对完好、历史人文底蕴相对独特、生活方式传承相对完整等特点。以长三角为例，两宋时期中国乡镇发展，特别是浙江南路和东路的乡镇发展都是靠河、靠要道的；明代，以苏州府、嘉兴府为代表的乡镇发展实际上蕴含着人民对美好生活的向往。我们一提到江南，都会觉得充满了水乡的生活气息。我在全国实地调研的不少乡镇，都有挖掘历史文化的想法，比如山东省的临沂市郯城县几个乡镇均建造了博物馆。我认为乡镇文化也是乡镇地方发展、老百姓自豪感的来源，因此要放在历史维度推动乡镇发展。第二个维度，放在国际比较中。20世纪初，美国城市人口不断增加，城市中心过度拥挤，再加上汽车等交通工具的普及、小城镇功能设施的完备以及自然环境的优越，进一步助推了小城镇的成长和发展。1960年，美国推行的"示范城市"试验计划的实质就是通过对大城市的人口分流来推进中小城镇的发展。小城镇有着良好的管理体制和规章制度，能够对全镇的经济社会进行统筹监管，保证小城镇发展的有序与稳定。比如我所访问的美国密歇根大学所在的安娜堡镇，其交通设施、公共服务、文化水平是国内很多小镇无法媲美的。我个人认为，今天中国乡镇跟美国乡镇发展的差距有10年左右，某些方面会差得更多。第三个维度，放在当前要求下。当前的要求就是人民群众对美好生活的向往，除了大城市之外，乡镇居民难道就没有对美好生活的向往了吗？乡镇兴则国家兴，乡镇的进城务工人员对城市生活、对美好生活服务的向往也要考虑到。乡镇作为城市和农村的过渡，在很多设施和项目的建设上也是一种过渡，是融合发展的桥梁。通过产业创新、交通设施、公共服务、生态环境等方面的发展，乡镇发展已成为城乡融合发展的关键支撑。第四个维度，放在未来趋势上。"乡镇让生活更美好"，处理好生产、生活、生态三者的关系，有助于乡村发展与活力提升。土地资源、要素资源如何实现跨区域流动是很大的问题。部分西方国家城市的发展逻辑是什么呢？是先有环境，这个地方生态环境好，工作环境也好，教育资源、医疗资源紧随其后，才能吸引人才去这些地方，产业也会跟着人走。中国以往是先招商引资，先把企业搞起来，希望以产业带动创新，然后再引人，最后把环境改一改，治一治。这种发展模式要做一些改变。

因此，乡镇的发展不应只着眼于传统意义上经济的增长，还需要处理好乡镇产业、创新、人才和居住环境等之间的逻辑关系，共同提升乡镇的发展活力。中国也不能"一刀切"，在部分发展比较好的地区，是否能够先换一种发展思路，先把人居环境、生态环境做好。特别是在大城市周边的小城镇，既有大城市的就业机会又有小城市的生态环境，两者结合就能吸引人前往。在长三角、珠三角地区，"坐高铁上班、居住在小镇、工作在大城市"的通勤人口已经十分常见。我们怎么发展呢？个人认为发展广义的环境是非常重要的，优化人居环境，更好地服务于乡镇功能完善和居民生活品质提升，进一步补齐公共服务短板。

国际经验表明，公共服务的管理可采用购买或者外包的方式获得，这样不仅能够提高公共服务的质量，也能够降低公共服务的投入成本。我个人觉得中国也有自己的发展模式，其中一种模式就是将多种力量引入公共服务团队。一方面，乡镇可以引入企业参与当地的公共服务治理，以购买公共服务的方式提高公共服务治理的精细化水平；另一方面，倡导居民参与公共服务的建设。让居民参与公共服务治理的不同阶段和不同项目，对公共服务的质量进行评价与决策。在未来推动公共治理过程当中，我个人认为要坚持分类推进、渐进式市场化原则，做引导、做清单，坚持正面清单和负面清单相结合。对于自然垄断性、经营性的公共服务和非经营性的公共服务要进行分类指导。

综上，在新型城镇化背景下，我认为要从"四个放在"的维度做好乡镇发展文章，即把乡镇发展放在历史维度间、放在国际比较中、放在当前要求下和放在未来趋势上进行思考。要转变过去由"产业发展吸引人才，再优化人居环境"的传统发展思路，探索以"完善基础公共服务、优化人居环境吸引人才，再引领科技创新、产业发展"的新路径。通过创新社会治理，做到"乡镇，让生活更美好"。

城投类公司的转型升级

演讲人：刘文彬（原唐山市新城市建设投资集团有限公司党委书记、董事长）

　　唐山市新城市建设投资集团有限公司，是唐山市最大的市属国有资本投资运营机构。目前，集团承担了唐山市多项重点工程建设、专项基金投放及国有资产管理、运营等。面向未来，集团坚持稳中求进的总基调，凝聚力量、夯实基础、谋划发展，全力打造立足唐山、面向全国、走向国际的城市综合运营服务商。下面，我结合今天的论坛主题和唐山新城投集团的发展实际，谈谈自己对城投类公司转型发展的浅显认识。

　　城投类公司作为城市建设的主力军，承担着优化城市资产配置、实现资产保值增值的重任，在完善城市载体功能、提升城市形象等方面发挥了重要作用。党的十九大以来，中国经济发展进入了新时代，随着市场经济的不断变化和政策调整，城投类公司的发展机遇与挑战并存。转型发展是大势所趋，需要主动对接市场，以新发展理念为统领，探索新的发展模式，从"建设城市"向"经营城市产业"实体转变，促进公司版本升级，更好地服务于城市战略发展。下面，我从3个方面分享一下我的思考。

　　第一个方面，城投类公司基于多年发展的积累优势，具有转型为城市运营服务商的坚实基础。

　　在促进地方经济发展以及城镇化过程中，城投类公司蓬勃发展。截至2019年，全国城投类公司数量近2万个。转型为城市运营服务商，城投类公司有以下几个方面的优势：第一，城投类公司在城市建设中积累了丰富的资源。城投类公司多年来参与城市基础设施建设，积累了社会资源和项目运作经验。相较于其他企业，城投类公司参与城市运营，在提升基础设施的管理效率、降低维护成本、统筹和整合资源上更占有优势，也有助于城投类公司盘活城市存量资产，减少国有资产流失的发生。第二，城投类公司能够准确把握城市发展方向。作为政府实施经济发展规划的可靠力量，城投类公司有长期参与城市基础设施和民生工程建设的经验积累，自然会对城市短期、中期以及长期的发展规划和目标有较为准确的预估和把握。第三，城投类公司具有较强的融资能力。城市的运营对资金的需求量极为庞大，城投类公司作为政府的重要融资平台之一，在融资上有着一定的先天优势。第四，城投类公司具有较强的社会责任感。城投类公司作为地方国有企业，保障城市协调可持续发展是其主要任务，理应将社会利益置于企业利益之上，自然会主动担负起这一责任。

第二个方面，基于城投类公司多年发展的历史现实，主动转型为城市运营服务商是内在需求。

其一，政策变动倒逼转型。随着地方投融资平台的快速发展，政府部门日益认识到加强监管的重要性。从2010年开始，国务院、财政部等部门相继出台多个重要文件，规范地方政府投融资平台的运作管理。城投类公司转型，既是政策变动的改革倒逼，也是朝着市场化、可持续发展的自我改革。

其二，转型是在高风险发展中进行新功能定位的发展需要。由于业务具有特殊性，大多数城投类公司缺乏稳定的收益，主要依靠政府补贴勉强负担银行利息，不具备独立偿债能力，财务风险较大。且很多城投类公司所投资的项目尚处于建设期，还需保持长期大规模资金投入。总的来说，大部分城投类公司基本处于"依靠政府财政和融资维持平衡""借新账还旧账"的状态，财务风险较高，亟需城投类公司"换血"转型发展，打造现金流，寻找盈利点，化解发展环境中的高风险。

其三，转型是在艰辛履职中孕育自身生命力的现实需要。目前来看，政府投融资平台的政府性融资职能逐渐被剥离，城投类公司的传统融资业务难以得以延续发展。随着我国城镇化率的提升和城市基础设施建设的不断完善，城市发展阶段已经由"重建设"向"重运营"转变。尤其是党的十八大后，中国特色社会主义进入新时代，城市的经营与发展，都在围绕着满足人民日益增长的美好生活需要展开，各地政府对城市运营与管理越来越重视，也对城投类公司参与城市经营发展充满了期待。

基于国家政策要求、地方政府诉求和企业自身发展需要，由融资平台向城市产业经营实体转型，整合资源，打造城市运营服务商已经成为城投类公司未来发展的战略方向。

第三个方面，基于城投类公司多年发展的利弊因素，探索如何转型为城市运营服务商迫在眉睫。

城市拥有各项资源，包括自然资源、历史文化资源等，如何将这些资源有效地资产化，从而进行市场化运作，以实现城市资源增值和持续推进城市发展，是城市运营的主要内容。

城市运营服务商作为政府与市场之间的中间环节，立足于城市整体经营，将企业经营理念运用到城市管理提升上来，集城市规划、融资、建设和运营管理全过程于一体，在满足城市居民需求的同时，使自己的开发项目能够成为城市发展建设的有机部分，增强城市发展活力与创新力。

城市运营服务商为城市管理带来了新的思路和模式，成为新型城镇化建设的重要推动力量，也是城投类公司解决转型路径的核心抓手。"积极介入经营性业务，实现城投公司的实体化"，这是城投类公司转型的根本。实现城投类公司的转型，需要关注3个方面。

一是转变发展理念。随着外部环境的变化以及国家战略新要求的提出，城投类公司由过去以完成政府任务、实现社会效益为主要目标的业务模式，转向参与城市运营服务，包括参与城市道路和桥梁建设、给排水、污水处理、城市防洪、城市绿化、环境卫生维护等城市公共事业工程。一些城市的基础设施建设和管理由政府独自管控发展变为多方协同服务，将有效促进政府城市管理机制改革，形成竞争有序的城市运营管理格局，提升城市运营服务水平。

二是构建新型政企关系。立足于城投类公司特殊的市场定位，组建合适的经济实体，作为政府的代表人或社会资本方进行出资，利用城投类公司在土地开发和基础设施建设过程中所积累的丰富经验，提高市政资源开发利用管理水平，或提供相关公共事业的物业服务。这既能保证政府在城市建设中的主动权,又可以有效破解政府在"放权"和"有效管控"之间的矛盾,优化相关业务配置,解决政府管理越位、错位、不到位等问题。

三是建立市场化原则。在城市经营过程中,城市道路等政府财政投资的城市基础设施建设项目,往往采取行政指令式的任务下达,授权政府职能部门组织建设,财政投资压力大。立足于城投类公司特殊的功能定位,利用政府年度投入较少的市政建设资金,可由城投类公司搭建市场化模式,引入社会资本,有效放大财政资金的作用,发挥"贷款、代建、代管"等功能,积极争取成为政府购买服务的承接主体和政府与社会资本合作模式(PPP模式)运作主体,推动新时代城市的建设与发展。

围绕唐山正在高水平规划建设的优质板块,提升唐山城市能级和品质内涵,唐山新城投集团转型为城市运营服务商将按照以下几个方面来实践。一是遵循一条主线。借力京津冀协同发展,深化体制机制改革,引导资源集聚,构建创新驱动内生机制,推动发展模式转换。二是强化两大引擎。激发集团活力,增强创新动力,坚持完善现代企业制度,提升投融资能力,实现资产存量盘活、增量突破,真正打造市场化运作平台,提高国有资本运营成效;占领经营城市主场,发挥经验、资源、队伍优势,积极争取外部资源整合注入,合理配置内部资源,降低政府财力投入,提高项目盈利能力。三是立足三个支点。立足服务城市,找准角色定位,高位嫁接社会资本;立足京津冀协同发展,引进高端资源合作,补足创新短板;立足实现战略目标,以互助合作共享先进理念,以创新服务强化区域优势。

近年来,唐山以"一港双城"重构城市版图,重塑城市布局结构、产业结构及要素配置结构,推动唐山进入布局优化、空间拓展、品质提升的快车道,给唐山新城投集团高质量转型发展提供了优越平台和发展环境。此次唐山新城投集团与保利物业联手成立"唐山新城投保利晖创城市服务有限公司",将依托保利物业专业化、标准化、信息化的公共管理服务体系,结合唐山市的发展现状,以政府及市民所需为导向,以品质物业管理和服务为支撑,全方位关注唐山人民追求美好生活的需要。

大物业助力城市综合治理

演讲人： 吴兰玉（保利物业服务股份有限公司党委书记、董事长）

很高兴在第二届镇长论坛上分享保利物业在"城市综合治理"的实践和探索。大家对物业服务，需要有一个新的认识。我们从社区走向城市、走向社会，物业服务的边界正在不断延伸，物业服务的内涵不断深化。作为物业服务的实践者，在迈向"大物业"的道路上，我们不仅感受到了"大物业"的"大"，而且也发现了"大物业"的"小"。

"小"，就是精细化。精细化的服务，犹如绣花针，在住宅、写字楼、学校、医院、景区、城镇等不同的业态中，飞针走线。

接下来，我将从几个特写镜头，为大家展示一些服务细节。

第一个镜头，让我们关注广州市保利花园。这是在2019年8月28日，由保利物业业主代表在"亲情和院"社区倡议书上签字。你会看到这个倡议书是一个以"真善美和"为主题的社区公约，与此同时，保利物业在全国25个城市同步展开"亲情和院"的品牌升级启动会，近3000名业主签署并发布了"亲情和院"社区倡议书。

在给每一个居民播撒"真、善、美、和"人文种子的同时，还要有良好的治理机制。在社区，高空抛物、电动车乱停放、社区不文明养宠等问题，一直是难以协调的"顽疾"。针对这些"顽疾"，我们尝试将"共建共治共享"的理念融入社区服务，邀请业主、政府与物业企业一起，进行多边会商。通过这样一种共生共荣的理念，共同打造"亲情和院"，解决社区治理问题。

当然，社区的精细化管理涉及安保、环保、绿化、设施设备管理，以及社区活动、社区服务的其他方方面面。一个社区，也是一个小型社会。在社区沉淀了23年经验的我们，已打造出精细化的服务标准，推出了有温度的服务品牌，使我们有信心、有能力突破社区的围墙，并走向更广阔的空间。

从社区走出，我们来到了城镇。接下来，让我们聚焦第二个镜头，浙江省嘉兴市的西塘古镇。

两个月前，"'一带一路'新闻合作联盟短期访学班"来到西塘和天凝镇。外国媒体记者感叹西塘之美的同时，对社会治理表示了好奇。厄瓜多尔《快报》记者在参观时，发现街道整洁有序，店铺鳞次栉比，忍不住问道："感觉这里非常安全、有序，你们是怎么做到的？"

其实，早在入驻西塘古镇之初，保利物业就用"绣花功夫"，对景区进行网格化精细治理。我们将城镇的每一条街巷、每一座桥梁、每一栋建筑、每一条河流、每一个商户等都纳入服务之中，并赋能网格员进行专项管理。

在网格化落地过程中，我们也有一些创新实践：比如，网格员"一职多能"，负责景区的安全秩序、线路指引、环保监督等工作，有什么事情，不用问这个事情归谁管，找网格员就对了。

再比如，网格化管理推出的"一米黄线"：为了规范酒吧经营，我们在酒吧门口画了一条黄线。这种方式有效遏制了酒吧乱拉客行为，让黄线以内既能热闹非凡，黄线以外也能保持秩序井然。

我们通过对西塘的精细善治，助力西塘从4A级景区升级为5A级景区。在西塘景区管理模式的基础之上，我们陆续推出全域化服务模式和城镇公共服务优选模式。

2018年，全域化服务落地天凝镇。天凝河道密布，河道治理是难点。仅针对水质净化，我们就考虑了多种措施。比如我们对打捞上来的水草，部分进行资源回收利用，部分做自然降解，做到无害化处理。如果您有机会到天凝，就会发现天凝的河道，清澈碧绿。

2019年9月，天凝镇被评选为"小城镇环境综合整治省级样板镇"。

走出城镇,我们把第三个镜头,对准武汉市军运村。

以军人的高标准,服务"军运"的高规格,确保了"军运"的"零失误,零打扰,零干扰"。

这是我们武汉公司的总经理刘娜做客央视国防军事频道军运会特别节目《直通军运》的画面。作为军运村官方指定后勤服务商,我们通过对标奥运村等国际性赛事服务标准,精研出超20万字的全流程服务手册。120场专业培训,80场应急训练,4500个安防监测点,保利物业用精细化的服务,护航"军运"。也正是因为精细到点的服务,保利物业获得了世界各地运动员、军运村运管会以及多家媒体单位的称赞。

以上3个镜头,为我们带来3个场景。其实,我们还有更多的服务场景,每个场景都包含众多细节。当我们把许许多多的细节汇总、串联、提炼、深化,就构成了保利物业独特的"大物业服务"范式。基于大物业的多元场景,我们的精细化服务可以适应多种场景需求。

追求精细化,是大物业的精神气质。

精细化,首先要有一套精细化的品质管控体系。公司运用23年的专业经验沉淀,形成了一整套标准化品质管控体系文件。96个流程规范,1892个管控节点,3689条工作标准,构成一整套具有保利特色的品质管控体系。

其次,我们也需要在科技上下功夫。我们依靠技术手段,不断提高服务的标准化、精细化、自动化。通过依托保利物业自主研发的芯智慧平台,打通PMS、EHR等管理系统,并以智慧园区赋能管理提升,让服务标准与信息化形成嵌套,保证我们的服务质量和效率。

最后,追求精细化,我们在"社会治理融合"上下功夫。紧跟国家战略,将物业服务与社会治理创新进行融合,助力城市综合治理。构建"以党建为引领,以政府为主导,以保利物业为服务主体,服务对象积极参与"的城市"共建共治共享"的社会治理共同体。我们将一线城市的高品质物业服务,带到景区、带到城镇,甚至带到更多角落。

当大物业从社区走向城市,我们发现,大物业版图就是整个社会。

社会治理提出"精细化",大物业追求"精细化",在共同的舞台场景上,我们不谋而合。

愿我们携手,与美好生活同行。

圆桌分享摘录

如何提升城镇社会发展治理水平

圆桌主持

刘志平　上海财经大学长三角与长江经济带发展研究院副院长、上海财经
　　　　大学城市与区域科学学院副研究员

圆桌嘉宾

李志杰　浙江省嘉兴市嘉善县魏塘街道原党委书记

田树强　辽宁省丹东市东港市孤山镇党委书记，辽宁省丹东市东港市孤山
　　　　镇原镇长

靳　勤　保利物业股份有限公司副总经理、保利城市建设服务有限公司董
　　　　事长

刘志平：圆桌论坛的第一阶段，先有请各位嘉宾自由发言。

李志杰：今天很荣幸代表浙江嘉善介绍全域化管理。我曾经提出全域化管理的命题，并在这个小镇进行初步探索和实践，取得了一定的经验。

全域化管理，也离不开保利物业的协同，他们在实践中不断完善，创造的成功案例和经典产品不断涌现。以乡镇为单位进行产品输出和品牌输出，已在嘉善主城区闪现出新的火花。面对老旧小区的垃圾分类、专业市场管理等领域的挑战，我们期待保利物业在新一轮的探索能爆发出新的火花。

靳勤：全域化管理是保利物业管理突破传统管理空间束缚的关键。在城市和乡镇之间，差异大且引人深思。我们的全域化管理模式探索以西塘古镇1.0版本为源头，经过天凝镇的2.0版本进一步发展，再到罗店镇的3.0版本，不断进行探索和改进，保利公共服务让每个镇、县都有独特的风格。我们最核心的要点就是精细化、精准化、专业化，高效尽责尽职。

田树强：孤山镇是我国东北地区的一个镇，很高兴作为东北地区小镇的代表参加这次会议。去年我两次考察了嘉善县的西塘镇，一直在思考一个问题：南方经济发展的模式是否适用于北方？受西塘镇全域化管理的启发，经过与保利物业的反复沟通和协调，2019年6月孤山镇终于与保利物业成功签约，到目前为止，双方合作已取得了丰硕的成果。孤山镇还获得了多项荣誉，包括中国历史文化名镇、全国重点镇、国家强镇和国家宜居示范镇等。经过4年的努力，2019年10月末，在保利物业帮助下成功通过了国家卫生镇的验收。

刘志平：下面我们进入第二阶段问答环节。当前乡镇一级公共服务碎片化现象较为严重，整体性治理的手段在西塘及其他乡镇发展中起到了关键作用。请问魏塘街道的李书记，您能否从整体性治理角度，介绍一下如何通过协同治理实现乡村公共服务的均等化？

李志杰：我们曾经与保利物业深入探讨基层治理中的碎片化问题，在2017年与保利物业靳总的交流中，靳总表达了参与城镇长效保洁的意愿。经过讨论，我们商定了7大领域的管理方案，包括全镇保洁和公共管理辅助的覆盖等内容。

管理上是否存在盲区或落地与否，是影响老百姓对基层服务满意度的重要因素。通过不断探索与完善，我们把全区的公共服务打包让保利来做。这对保利物业来说是一个全新的命题，需要付出大量的努力和精力，我们希望通过工作上的不断整合和磨合，逐步推广落地这一模式，大家一起共担风险，最终我总结提炼了"全域化、均等化、社会化"的服务模式。相应的，"三化"的目标是实现公共服务均等化、基层治理优化有效和政府职能及时转变。

刘志平：下面请问靳总，作为公共服务领域的先行者，保利物业从2016年开始从乡镇起步探索基层社会治理的全域化，走出了"政府+企业+群众"三位一体的新模式。在党的十九届四中全会决定出台后，保利物业在准备行动方面有什么思考？

靳勤：中共十九届四中全会强调了加强党的领导，全面推进社会治理体系和治理能力现代化的重要性，央企应积极响应，发挥自身作用。在加强和创新社会治理领域，党的十九大报告提出要建立共建共治共享的社会治理格局。我认为在研究这个重要精神时，需要读懂党的文件，理解国家政策和政府导向，并站在企业角度考虑如何赋能和履行企业应尽的责任。

社会治理怎么落地？作为提供服务的企业主体首先要精心策划，精心组织，精细化地服务。其次要专业、要高效、要忠诚、要担当。具备这两点，我认为央企责任落地社会治理，必定能够做出一番很大的事业。

刘志平：2018年，上海财经大学和保利物业联合发布了《公共服务标准化手册——乡村振兴战略实施中的保利实践》，就精细化服务进行了详细阐述。我想了解一下保利物业近期在公共服务精准化、精细化方面有什么新的安排？

靳勤：是的，我们正借助科技力量推动社会治理精细化。很快，智慧化公共服务新工具也会配到每位员工手中。一方面给政府决策提供准确科学依据，另一方面我们自己的工作也会更加数据化和清晰化，这是在科技方面的想法与探索。此外，我们积极与保利集团系统内兄弟单位以及系统外各类专业公司合作，充分利用资源，精准引入城区和社区的建设与管理服务渠道，逐步整合乡镇和城市的技术、人才资源，提供职业发展与就业指导等服务，以适应多样化需求，进一步完善和整合这些资源，进行深度开发利用。

刘志平：2019年，保利物业进驻孤山镇，通过全域化管理模式，结合孤山镇发展的实际情况，积极完成政府交予的相关工作，对镇内各项工作进行综合治理。通过与保利物业的合作，孤山镇市政管理的履职方式发生了重大变化。原本的市政管理职能，部分转移到了保利物业，以公共服务采购的方式实现。下面请问田镇长，这种变化对政府履行职责有何影响？在转变过程中，是否遇到了困难和挑战？

田树强：保利物业进驻后，实现全域化管理，政府职能部门经历重大变革。举个例子，过去老百姓不满意的时候，镇长会责备市政管理所；现在市政管理所所长会主动到镇长办公室为镇长出谋划策。政府整合了基层社会治理相关部门资源，包括市政管理所综合执法、公安交警和工商部门等，实现了全域化管理。

保利物业的进驻激发了大家的工作积极性，摒弃单一的行政手段，善用多种手段，提升了治理效果。

刘志平：下面我还想问一下李书记，能否详细介绍一下全域化管理的模式在4个平台的作用和发展情况，以及在具体实施做法上您又是怎么考虑的？

李志杰：全域化管理模式结合4个平台的工作内容，主要指全科网格管理队伍，通过综治工作、市场监管、综合执法以及便民服务4个平台，参与基层网格巡查和服务，并提供定制化便民服务。这种模式下，在工作巡查中发现问题，可在这个平台上及时报告，清晰处置，平台起到了辅助监管作用。由于整个工作流程注重早发现、早报告和早处置，大大地提高工作效率和有效性。

刘志平：我还想请教李书记，现在浙江基层社会治理领域存在一个"四位一体"长效管理新机制的说法，但是在现实中可能会遇到资金限制等瓶颈问题。政府是否需要深入探讨如何加大财力投入、强化统筹协调、促进创新机制等方面的政策和措施，以便推动"四位一体"机制的完善和发展呢？

李志杰："四位一体"是在整个环境治理当中的探索和尝试，也是通过整合资源提高效率的。运行一段时间之后肯定会暴露一些短板和问题，从魏塘街道情况看，由于现实因素的影响，也还是暴露出了一些短板和问题。

第一，街道主体地位和职能的转变，导致其管理职权缩小，进而影响人员和经费等资源的分配。

第二，管理职责不明确，集中管理导致区域划分模糊，政策措施针对性不强，工作难以落实。

第三，基层村和社区的服务能力、管理能力不足，精力不集中，工作不能深入，效果难保证。

第四，城乡二元体制造成管理手段转变不及时、不充分。

第五，配套基础设施硬件相对不足。

刘志平：李书记的分享给了我很好的启发，我在这里也给大家简单介绍一下公共服务全域化管理的六大关系。

第一，基层社会有效治理，要解决好地方民众和国家行政机构的"双重"委托代理关系，即保利物业作为"双重"代理人要处理好两者之间的平衡关系。

第二，创新平台关系与管理关系。保利一体化平台由四大平台构成，这四大平台应当按照职能分工履行各自的任务。

第三，全域化管理模式当中注重处理服务对象的多方关系。既需要理解政府的职能，区分不同的代理角色及其委托事项的权力边界；也需要坚守契约精神，协助政府相关部门提供更好的服务。

第四，科学分析成本效益关系。强化经营效益，但最终要追求社会效益最大化。

第五，客观对待市场竞争关系。充分发挥央企在优化市场秩序中的引领示范作用。

第六，科学运用考核关系。强化过程监督反馈，保证全域服务质量，体现过程与结果的高度统一。

刚才我对公共服务全域化管理的六大关系做了简单介绍，希望能够引起在座各位领导、基层书记的更深层次思考。期待更多的思想理论加入实践指导中来，为公共服务作出贡献。

下面我想请问靳总，保利在全域化管理体系和管理方法上是否有新的思考？

靳勤：保利为何能取得成功？主要因为我们有创新的思维和持续发展理念。第一是源于一套非常完备的公司管理体系。第二是有一套标准，并且整个标准在不断细化、优化和深化，这是我们精心打造的全域化、精细化服务的教科书。第三是我们有一支敢打胜仗的团队，其中包含了很多退伍军人，他们能吃苦、能耐劳、敢担当、反应快、效率高。

在服务人民群众理念方面，我总结了一句话，就是"至少跑一次"。对群众的诉求和呼声，我们积极、认真地对待，做1次甚至10次调查、了解，主动办好。

除此之外，我们积极主动地做好政府交办的事情。这样保利物业就能够充分利用政府4个平台，将政府的事情以一体化的方式办好，减少了问题，节约了资源，降低了成本，增加了效益，真正为政府减压，我们也能够真正发挥专业价值作用。

刘志平：下面进入第三阶段。各位来宾可以进行自由提问，台上的嘉宾负责回答。

来宾提问：请问靳总，您是怎么看待论坛的主题"精细善治"的？

靳勤：对"精细善治"这个主题，我的理解是打造城市服务"最后一公里"最关键的地方就在于精细化。当前城市服务的最大痛点就是配套公共服务的不均等，我们考虑将精细化服务引入城市街区服务、道路养护和基层治理领域，以解决公共服务不均等问题。

来宾提问：我想问一下李书记，社会治理为什么要引入"党建引领"概念？

李志杰：党建引领基层社会治理已成为各级党委政府在基层社会治理工作中的重要职责。从自身实践来看，通过发挥基层党组织在基层社会治理当中的领导核心作用，发挥党员在基层社会治理当中的先锋模范作用，有利于进一步影响和带动基层群众自治组织，发动人民群众参与到基层社会治理当中。党建引领工作是不断进步的，永远有提升的空间，需要我们逐步深入探索、实践，不断创新发展完善党建工作。

来宾提问：刚才田镇长说了，作为东北的一个镇，与江南的镇是有区别的，在对接过程中你们遇到了哪些问题？

田树强：北方经济发展面临诸多挑战，其中最为突出的是资金问题。为了解决这一问题，我们的想法是经济问题就以市场经济的方法解决，参考企业经营机制，增收节支，以弥补政府经费不足。于是我们便引进了保利物业，并每年按照过去3年的平均数向保利物业支付费用。没有多花政府一分钱，服务治理的效果比原来还好。

财政能力有限，这种情况下我们应该怎么做？第一点，在与保利物业对接运行过程中，我们通过科学有效的资源整合，提高了效率，可以说节省就是获得。第二点，不光引进了保利物业的资源，还希望借助保利物业解决孤山镇的一些问题和转变老百姓的观念。南北差异不是钱的问题，北方有自己的山水和文化魅力，但我们缺乏先进的理念。

当前，治理、管理和监督是维系社会治理的有效方式，但是想要做得更好一点，真实的体验很重要。就在今年发生洪涝灾害时候，保利物业准备了60人和2艘冲锋舟，整装待发，这个场面让我们记忆犹新。

来宾提问：李书记，你好。在乡镇基层社会治理中，群众的参与往往处于被动状态，所以我想了解魏塘街道在这个方面是怎么做的。在群众参与这件事情上，你们通过哪些平台提供了哪些便利，让群众主动参与进来？另外，下一步在产业园区导入社会公共服务的新模式，能不能简单介绍一下在新模式下的思路。

李志杰：我们认为搭建平台最主要的作用，就是要让平台成为"网格连心、有效服务"的载体，就是指通过更完备的网格管理手段，将原有的基层治理服务整合到网格中。每个网格都有具体的管理服务功能，并以网格为单位，将每个网格细分为更小的网格，以网格联系人民群众，搭建网格连心桥梁，及时了解群众心声，及时做好民生服务，把党和政府的温暖送到人民群众心里。

针对第二个问题，目前，嘉善产业园主要方向还是利用先进的管理理念，充分利用一些新技术和手段。这是嘉善产业园发展下去应考虑的方向，要依托于新理念、新技术、新模式，提升我们的能力，把我们整个城市社区治理提高到一个更高的水平。

刘志平：本次圆桌论坛就城镇社会发展治理水平现状及进一步提升进行了探讨和分享。通过深入交流，我们发现，可以从街道、镇和服务企业等多个层面，共同构建"政府+企业"的社会治理模式新格局。完善管理服务机制，积极推进网格化管理和服务，将重心下移到基层，确保资源充分引流是提升公共服务水平的关键。通过这些努力，我们可以建设一个人人有责、人人尽责、人人享受的社会共同体。

让我们共同携手，为城镇社会发展治理贡献力量。

写在后面的话

党的十九届四中全会中提出，加强治理体系和治理能力建设，构建共建共治共享社会治理新格局。上海，作为中国大城市治理的典范，在精细化治理方面走在全国的前列，引领着治理新思潮、新风尚，创建了新理念、新模式，形成了新动力、新优势。第二届镇长论坛在上海市罗店镇举办，呼应了"精细善治"的时代主题，也通过罗店镇的治理展现了上海精细化治理在城镇领域中的应用成果。

本届镇长论坛，在首届镇长论坛关注宏观格局的基础上，进一步聚焦城镇治理中的具体实践和具体经验，是镇长论坛的关注主题走向"具体化"的发展新动向。围绕城镇治理的精细化，与会嘉宾深入剖析了城镇治理所面临的现实困难和观念问题，并在"党建引领""网格化管理""公共服务渐进式市场化""城市运营"等具体方面进行了广泛讨论。

在分享的案例中，上海罗店、浙江嘉善的城镇精细化治理经验表明，政府主体已经认识到专业化市场主体的服务标准化、服务专业化为精细治理带来的重要价值。其他嘉宾在分享中针对与主题相关的问题，结合实际和个人研究进行了深入分析，提出了清新、鲜活的思路和简单易行、行之有效的措施，使与会者收获满满。

与会嘉宾还提出，目前城镇治理的精细化水平，距离理想目标还存在一定的差距。在"精细治理"方面需要充分借鉴各地、各类经验来有效解决，这既包括发达地区走在前列的城镇精细化治理经验，也包括超大城市中精细化的治理经验；既包括国内的先进经验，也包括国际的成熟经验；既包括基层政府主体的先进经验，也包括专业的市场化主体的先进经验。

第 **3** 季

镇通人和　美丽中国

第三届镇长论坛

论坛时间：2020年12月11日

论坛地点：江苏省无锡市锡东新城

论坛主题：镇通人和　美丽中国

主办单位：国家发展和改革委员会国际合作中心
　　　　　江苏省无锡市锡山区人民政府
　　　　　上海财经大学
　　　　　保利发展控股集团股份有限公司

承办单位：无锡锡东新城商务区管理委员会
　　　　　上海财经大学长三角与长江经济带发展研究院
　　　　　保利物业服务股份有限公司

2020年，新冠肺炎疫情席卷全球，社会公共卫生突发事件给基层社会治理带来了极大挑战。城镇（街道）作为基层治理单元，以党建为引领，以政府为主导，包括企业、居民、社会组织等多方主体共同参与的社会治理共同体，在疫情防控中发挥了重要的作用。

站在"两个一百年"奋斗目标历史交汇点上，党的十九届五中全会的召开，发布了《中共中央关于制定国民经济和社会发展第十四个五年规划和二〇三五年远景目标的建议》，开启全面建设社会主义现代化国家新征程，习近平总书记提出要"打造共建共治共享的社会治理格局"，推动社会治理的重心向基层下移，发挥社会组织作用，形成有效的社会治理、良好的社会秩序，使人民获得感、幸福感、安全感更加充实、更有保障、更可持续。

在此背景下，作为国家战略的有机组成部分，乡村振兴、新型城镇化、公共服务均等化等被摆到了更加重要而突出的位置。而位于基层的城镇，更是推动乡村振兴、新型城镇化、公共服务均等化的一线主体。基层安、则天下安；城镇兴，则国家兴。第三届镇长论坛以"镇通人和，美丽中国"为主题，于2020年12月11日在江苏省无锡市召开。为了推动政府单位、学术机构、行业企业多方合作，共同探索基层社会治理新思路，保利物业联合上海财经大学在本次论坛上共同发起成立"公共服务智库"。

本次论坛的举办地——无锡市锡东新城，近年来在推进城市建设的过程中，引入企业等主体探索公共服务协同社会治理创新，为论坛嘉宾调研基层治理成果提供了良好的窗口，因而本届论坛在锡东新城专门安排了实地调研环节。

实地调研

作为论坛的延续，2020年12月12日，200多位镇长、专家学者和媒体代表，深入锡东新城调研，了解地方政府推动新型城镇化建设和进行社会治理创新的实践情况。本次调研点主要为映月湖公园、睦邻中心、数字指挥中心、城市展厅，系统展示了锡东新城"政府+企业"现代化治理模式。

社区的力量

演讲人：张大卫（中国国际交流中心副理事长兼秘书长、河南省原副省长）

新冠肺炎疫情暴发以后，各国的治理能力、治理体系、治理模式都面临严峻的考验。在疫情防控方面，中国取得了很大的成功，社会的网格化管理在其中发挥了重要的作用。网格化管理，在城市社区和农村社区中包含多种措施。在城市社区，网格化措施主要是：必要的封闭措施、防疫人员的值守、政府工作人员的派驻为城市社区构建了安全的防线；在农村社区，网格化措施主要是：村集体组织动员、村民自治的力量。这些措施产生了神奇的效果，使社区治理的力量和作用凸显，它让我们反思：第一，这么多的机构在社会基层的运转过程中有没有作用？第二，政府的治理资源是否应该更多地向基层倾斜？第三，看起来城镇里最大的力量不是来自混凝土的建筑群，而是来自社区的力量，那我们是否能够理解和用好社区的力量？

我主要讲3个问题：第一个问题，什么是社区。

社区的概念是20世纪30年代初，一群燕京大学社会学的学生从英文当中翻译过来的，英文的原意是"共同体"或"亲密伙伴关系"这样的词义。这个概念最早是由德国社会学家滕尼斯提出来的，后来就被社会学广泛应用。在社会管理中，广泛应用"社区"概念则始于21世纪初，当时国家大力提倡发展社区服务业。后随着农村地区小城镇的发展，一些地方积极推进，但是人们对于社区的内涵和空间的边界认知仍然是模糊的。新冠肺炎疫情，使我们对社区的概念有了更全面的认识，并有了更深刻的理解，有些从国外回来的朋友对这点印象深刻。新冠肺炎疫情防控期间，中国社会真正了解并体悟到了社区的概念。

社区在不同的理论体系中有不同的定位：

1. 社会学中的定位。社会学对社会、社区和社群有不同的概念，法国社会学家认为社会是由很多具有独特功能的共同体组成。当各部门功能都正常时，属于正常态；如果各部门运转不正常，就属于不正常态。社会呈不正常的状态时，人们会处于一种没有归属感的迷糊状态，解决的办法是形成一些小群体。小群体是个人与社会间的缓冲器，没有它，社会这个大而无形的实体会让我们感到压抑。这种小群体为我们提供了亲密关系，从而使我们的生活有一种意义感和目的感，并有利于防止社会失衡和失范。

德国社会学家滕尼斯认为社会是靠人的理性权衡建立的人群组合，是以权利、法律和制度观念为基础的机械聚合和人工制品。社区是通过亲戚、邻里和朋友关系建立的有机的人群组合。社区内的社会关系是紧密的、合作的、富有人情味的。人们在社会中，一切依托于契约进行交换，利益在其中起着主导作用，而社区则是特定的人群生活方式和人身的内涵。

美国社会学家詹姆斯·汉斯林认为，城市不仅由陌生人构成，还包括了如社区等一系列更小的世界，在这里人们可以找到自己的归属感。人们对他们居住、工作、购物、玩耍的小环境感到非常熟悉，非常亲切。

以上这些观点，清晰地表达了社会学家对社区功能与性质的认识。

2. 政治学中的定位。社区是社会政治生活的基本单元，它在西方社会的政治领域是一个很重要的概念，任何政治家都要从社区起步。政治学关注社区的目的，主要是为探索政府权力和个人权利在政府生活中的分野。它认为社区是社会结构的一部分，而社群型团体和社团型团体则内嵌于这一结构中，形成了社区政治。这些自治型团体能开展自主行动，有共同的利益、期望和态度，但这种"共同"都基于情感和共同的切身利益，它和机构型的、阶层型的、公益性团体的利益集团的利益诉求是不一样的。

社区是社会结构的一个重要组成部分，政治学家分析社区的视角往往从功能—结构主义的理论框架出发，把社区自治和人的活动作为重点。从这一点出发，社会建设、社会教育、社会文化、社会民众、社会公正和社会组织等理论都会涉及社区层面。社会治理上，我们对社区本质、社区功能、社区与居民关系还需深化，社区实践要进一步丰富。如何应用马克思主义和习近平新时代中国特色社会主义思想，指导并构建起科学的中国特色社会主义社区理论，中国的政治学、社会学研究还有很长的路要走。

第二个问题，我们的社区。

中国的社区建设与发展理论正在不断积累，并结合中国的国情和社会实践不断有所创新。因国情不同，中国人对社区的理解和西方有所差距。由于居民长期受单位身份的影响，我们往往把社区看作是家庭生活的居所，而政府与社会关系也主要是管理的关系，而不是治理的关系。

社区治理是国家治理的基本单元，党的十九大强调社区建设的问题，党的十九届四中全会强调要推进国家治理体系与治理能力现代化，党的十九届五中全会又强调了加强城镇老旧小区的改造和社区建设。习近平总书记多次强调社区治理在党和国家战略中的重要性，多次对社区建设提出了"以邻为善，以邻为伴"的概念，这是强调社区的邻里关系的重要性，要将社会治理的重心落到城乡社区，把更多资源、服务、管理放到社区。因而，中国社区建设的关键是如何推动实现由管理向治理的转型。

中国城镇社区的概念目前都是以街道办事处下面的居委会自治管理区域为一个基本单元。农村社区基本上是以行政村或者比较大的自然村为一个基本单元，其治理机制在法理上属于居民自治或村民自治范畴，但与农村社区之间有明确的管辖与被管辖的关系。正是基于这一概念，才使我们在新冠肺炎疫情防控时，能够按行政管理情况将城乡精准地划分为若干网格，也正是居委会、村委会的管理体现着政府垂直管理权力的直接介入，才使我们能够有效地调动社会资源，从而对突发的社会风险进行有效防控。

目前，中国的社区都有切实存在的制度、机构和设施，其在实行对辖区的管理时，也向辖区内的居民提供一定的服务。这使社区这种社会统一体能正常运行，并使社区成员的生活有着基本的保障，这些对社会进行有效管理的经验还需要不断总结。

中国城市居民区经历了传统社会由里坊制向街巷制的转变，进入现代社会后又引入了"邻里单位制""大街坊"等概念，而近些年的社区制则是伴随着城镇化和现代化进程加快而出现的。

我国现行的城镇居民社区主要有以下3种功能：管理功能、服务功能和保障功能。为维持这些功能，社区设有一些岗位，接受着来自上面若干管理层级下达的各种管理任务。所谓"上面千条线，下面一根针"，上面的机构统统把自己的任务垂直下到社区里来。有些社区人员曾进行统计，社区的工作任务有时候多达120多项，但社区的工作人员往往是有限的。

过重的管理任务常常使社区忽视它的基本功能，对社区的文化建设、提供健康医疗与养老服务、救助弱势群体、促进居民间的交流与沟通、疏解邻里家庭矛盾等问题就显得力不从心，也不容易构建富有温情的社区邻里关系。对一些问题的简单化处理，经常是好心办事而达不到好的效果，还引发了新的矛盾。

在这次新冠肺炎疫情的防控中，中国政府的效率和社区的应急管理能力经受住了考验，但是在疫情过后，如何恢复常态化管理，仍有许多问题需要研究。篱笆易建不易拆，疫情有效控制后，这些措施给居民出行和交往带来了不便。在电子身份识别系统已经很发达的情况下，应尽量减少物理隔离对社区居民生活造成的影响，并加强对居民隐私和基本权益的保障。

社区的力量在于它是社区居民公共服务的保障者、生活服务的提供者、隐私安全的保护者、精神交流的沟通者。它要为居住者的工作、生活和学习营造一个正常的环境和空间。对居民来讲，居民对社区看重的：一是有安全感和归属感，二是基本权益得到保障，三是宜居的环境和良好的邻里关系，四是有利于年轻一代纵向流动。

因此，在加强和改善社区管理的同时，要把握好公共福利、基于自治的社群关系和宜居环境3个维度，推动管理型社区向社区治理转型。

第三个问题，社区建设与改造。

我们现在的社区改造面临4个重大的机遇：一是党的十九届四中全会提出来的一系列重要主张和党的十九届五中全会提出的加强社区建设的部署。二是新冠肺炎疫情使人们深刻认识到社区功能的缺失对城市和农村的危害，也认识到了社区工作对全国大局稳定所发挥的基础性作用不可替代，这一社会共识减少了社区建设中不必要的摩擦阻力。三是全国正在推进城市老旧小区改造和乡村振兴工程，为城乡社区建设提供了良好的环境与条件。四是科技的发展为未来社区的建设提供了可能。

当前，社区建设与改造面临下列紧迫任务。

第一，提升社区的公共服务能力，完善布局、优化配置，将政府的公共产品资源更多向社区倾斜，加强社会学科的培养，培养更多社区工作者。

第二，创新社区治理模式，吸收更多的社会资本、社会力量参与到社区治理中。物业的服务和社区居民贴得更近，政府可以采取购买服务和委托管理的方式开放一些政府管理项目和数据资源，与新型社区的开发商开展合作，调动城市开发商和各类物业管理公司向城市与社区运营商转型的积极性，为它们打开社区服务的价值空间。

第三，解决好养老难题，建设和谐社区。我国城市人口养老的格局大体是"9073"，即90%左右的老年人选择居家养老，7%左右的老年人依托社区支持养老，3%的老年人入住机构养老。约97%的老人都选择在社区的范围内养老，因此一定要在社区建设上着力解决这一难题。上海等一线城市在构建社区养老机制、体系上已经做了一些好的示范，城市社区要牢固树立以人为中心的思想，要综合利用政府医疗保障平台、社会保险平台、社会服务平台、互联网+社区等手段，把社会养老资源和个人财富管理的理念引到老人身边和社区居民家中。

第四，教育设施是社区建设的重要内容。我国长期借鉴欧美和苏联的模式，侧重把小学的配置作为评价小区的标准，忽视了社区幼儿园和托育场所的空缺也会使很多家庭陷入困境，因此要将托育服务、家庭教育、辅导场所与能力建设作为社区建设与改造的重要内容。

第五，丰富老旧小区改造内容。在改造中注意把交通便利性、绿色生态环境营造、增加多元文化与户外活动空间、建设老年和青年友好型社区等作为改造和规划的内容。在新社区的建设中，也要注意利用新技术，发展新业态，增加就业机会，促进实现老旧小区职住平衡。

第六，厘清农村社区和城镇社区的差异，有针对性开展工作。农村社区和城镇社区有很多本质上的区别：农村集体组织在法律上有着村民自治组织的定位；农村社区既是农村居民的生活空间，也是他们的生产空间；农村社区既是社会管理单元，也是市场经济单元；农村社区有着开放和空间比较大的自然环境；农村社区的公共设施与公共服务的基础薄弱；农村的文化传承使农村社区居民之间有着远比城市居民更密切的感情或亲情联系。

"三新"背景与"三维"视角下
城市（镇）治理创新的八个要点

演讲人：范恒山（经济学家，国家发展和改革委员会原副秘书长）

　　城镇化是国家现代化的必由之路。我国正在推动的以人为核心的新型城镇化，既是一个培育促进城镇发展的过程，也是一个优化提升城市治理水平的过程，城镇化的质量体现为两者的完美结合。

　　我国已转向高质量发展阶段，为实现高质量发展、建成现代化强国，必须坚定不移地贯彻创新、协调、绿色、开放、共享的新发展理念，加快构建以国内大循环为主体、国内国际双循环相互促进的新发展格局。"三新"即新发展阶段、新发展理念、新发展格局，这是经济社会发展全过程和各领域各方面所面对的时代环境和基本要求，自然也是城镇化发展与治理所需要把握的方向和原则。换言之，城镇化不仅应当是高质量的城镇化，而且也应当成为推动国家高质量发展的重要支撑；要把新发展理念贯穿于城镇发展和治理的全过程，围绕实现高质量发展推进相关创新与变革；要紧扣构建新发展格局推进城镇化发展和城市（镇）治理，使其在贯通生产、分配、流通、消费各环节，以及充分利用国内国际两个市场、两种资源中发挥核心作用。

　　城镇无论规模大小，都体现为一个多元素、多功能、多结构的组合体，而城镇化则表现为一个宏大而复杂的系统工程。这意味着，无论是对城镇还是城镇化，都可以从多个视角或维度来观察与分析。在较为抽象的层面或概括的意义上，可以从城市结构、城市格局和城市品质3个维度观察分析城镇和审视推动城镇化。而这3个方面无一例外都蕴含着城镇治理这一核心内容。换言之，好的城市结构、城市格局与城市品质都来自高效能或高水平的治理。

我们在这里所谈的城市结构，是指各种规模的城市和城镇的组合状态。经过多年的探索，我国形成了"促进大中小城市和小城镇协调发展"的思路。在恪守这一思路的前提下，怎样合理把握城镇化发展中城市规模、空间结构、人口密度、产业分布等，就是城镇治理所要面对的问题。

我们在这里所谈的城市格局，是指城市内部各重要元素的组合状态。这涉及以行政区划为基础形成的空间格局、以资源禀赋和产业发展等为基础形成的功能格局、以自然地理和社会文化等为基础形成的建筑格局，等等。在这方面，如何优化行政区划设置、做强区域比较优势、强化城市主体功能、形成安全的城市建筑构架等，就是城镇治理所要面对的问题。

我们在这里所谈的城市品质，是指城市外在风貌和内在能量的呈现状态。这种状态是城市物理形态、功能结构、运行机制、社会精神等的一种综合反映，代表着生产的水平、生活的质量，体现着城市的魅力、创造力、舒适性与幸福感。如何推进生产生活生态融合、打造具有高度吸引力的营商环境、塑造富有特色的城市精神等，就是城镇治理所要面对的问题。

其实，就治理而言，许多问题是与城市结构、城市格局和城市品质一体相连的。其中每一个方面的创新都有利于另外两个方面的优化与改善；同时，涉及某个方面的问题的解决，也常常需要这3个方面的协同创新。这意味着，"三新"背景与"三维"视角下的城市（镇）治理创新不仅需要就事论事，更需要一体把握。基于这一认识，城镇化推进过程中的城市（镇）治理需要特别重视这样8个方面。

1. 基于"促进大中小城市和小城镇协调发展"的总体思路，应进一步明确各种规模城市发展的核心要求，并以此作为城市治理的根本着力点。从城市发展规律要求和我国国情出发，小城镇应当做"特"，即发展特色产业、形成独特风貌；中小城市应当做"实"，即做强实业、具有实力、体现实惠；大城市应当做"强"，即竞争能力强、综合实力强；特大城市和超大城市应当做"高"，即新兴产业的策源高地、科技创新的世界高地。

2. 基于形成经济发展的多点支撑、带动区域协调发展、适应经济转型需要、灵活进行城市功能调整、防止"大城市病"滋生蔓延、提高市民的幸福指数、防控各类安全风险以及考虑人多地少的基本国情等因素，应当把发展和做实中小城市作为推动新型城镇化的基本导向。相应地，应该严格控制特大城市和超大城市的数量，有效抑制将大城市发展成为特大城市、超大城市的盲目冲动，尤其应当严格控制通过调整行政区划来扩大城市规模的行为，采取有效措施推动大城市走强壮实力而非规模扩张的道路。

3. 在大力推动中小城市发展的基础上积极推动城市群建设。这是因为，城市群是依托经济纽带建立的城市有机组合体，而不是行政区划调整和行政区扩展的产物。作为城市发展的最高层次的空间组织形式，它不仅能够在更广阔的空间里集聚、配置资源，从而在最高水平上形成创新创造力；并且能够通过同城化和一体化强化功能协调、城市分工，从而能够在最大程度上提高发展能力，还能够以整体的力量和个体的动能对周边地区形成辐射与带动。比之其他城镇形态，城市群的辐射与带动最具力度、最显深度。城市群的综合效应是极为明显的，资料显示，世界排名前40的城市群为全球贡献了66%的经济总量和85%的科技创新成果，且各城市群无一例外都是各国经济发展格局中最具活力和潜力的地区。在我国，19个城市群承载了75%以上的城镇人口，贡献了80%以上的国内生产总值。

4. 产业和人口向优势区域集中、中心城市和城市群逐渐成为承接发展要素的主要空间形式，这是一种经济规律。在这样的大势下，一部分中小城市出现收缩发展，属于正常现象。应当结合有条件的小城镇转改为城市和收缩型城市的"强身健体"等举措，适当调整城镇的空间布局，提高中小城市的分布密度，使之更加有利于促进区域协调发展、带动农村现代化发展。

5. 把与城市地域扩展相关的行政区划调整严格限制在必要的范围内。这类调整一般应建立在以下原则之上：有利于强化中心城市的核心功能；有利于改善区域布局以促进区域协调发展；有利于从根本上增强城市群的创新能力和畅通循环效率。

6. 在把绿色发展作为城镇化的主基调的同时，推动生产、生活和生态在空间上的协调布局和领域内的有机融合。把生态环境优化作为城市高质量发展的核心内容和主要标准，推动城市广泛形成绿色生产生活方式、形成舒适健康的人居环境。

7. 加强大城市治理中的风险防控。大城市是各类风险和安全隐患发生的重点区域，也是治理的难点区域。城市空间布局和建筑格局是影响风险防控的重要因素。应进一步优化城市构架建设理念，探索推行"多中心+功能组团"的城区建设模式、"住宅+公园"的社区建设模式，借此形成公共安全风险防控的物理隔离带和生态防护屏障，还应把老旧城区改造和新区建设转型有机结合起来，依此改善商用建筑和住宅小区过度密集的状况，最大限度降低安全风险和隐患。

8. 着力培育健康向上的城市精神。市民的自律与自觉是城市高质量、精细化发展的有力保障。健康向上的城市精神是防止城市退化和衰败的有效防线，也是城市进化和创新的强大动能。要把弘扬市民高尚的精神素质作为良好营商环境建设的核心内容，作为城市高质量发展的关键性衡量标准，以树立核心价值观为牵引，着力培育形成积极向上、别具魅力的城市人文精神。

最后，还要强调的是，城市建筑是城市形态或风貌的第一呈现，而城市建筑格局不仅决定着城市风貌，也影响着城市安全和市民幸福。因此，城市（镇）治理既要见人也要见物，要把优化城市建筑格局和楼宇样式作为城市（镇）治理活动的起点。在设计和建设每一幢楼堂馆所、每一项市政工程时，都要把"三生"融进去、把安全融进去，也把幸福融进去，要培育一批精于此道的建筑商。保利作为国内举足轻重的大建筑集团，要把自己打造成为规划和建设幸福安全的城市建筑的首席代表，充分发挥引领示范作用。

城镇化的新阶段：城镇城市化

演讲人： 洪银兴（南京大学文科资深教授，南京大学原党委书记）

这次论坛放在无锡，地点选择得很好。因为无锡可以说是我们国家当年率先推进城镇化的试验田，曾经的"苏南模式"的发源地就是在这一带。而这一带的城镇化首先走的是"离土不离乡"的模式，也就是农民创办乡镇企业，通过农民自己的力量建设小城镇，创造了一个中国特色的城镇化模式。

后来，随着我国开放型经济的发展，随着城市的改革，我们的城镇化又进入了一个新的阶段，出现了"离土又离乡"的城镇化。大家可以看到，就在苏南，包括苏州、无锡，一大批就业人口基本是中西部地区转移出来的农民。这些农民推动了沿海地区的发展，也推动了中国城镇化的建设。苏南地区的城镇建设水平、治理水平，也是走在全国的前列，可以说它是中国城镇化1.0阶段的缩影。

下面，我们谈谈2.0阶段。经过了前一阶段农民的"离土又离乡"城镇化过程，我们的城镇化到了新的阶段，我把它看作是2.0阶段。我们现在的转移人口的城镇化率已经到达60%，但是我们户籍人口的城镇化率目前还只有40%多，这中间的差额，也就说明了我们还有相当多的进城务工人员没有实现市民化，他们没有能够享受平等的市民权利。所以，党的十九届五中全会提出一个重要的思想，即进一步深化户籍制度的改革，加快农业转移人口的"市民化"。这个"市民化"，我认为最重要的是进城务工人员能平等地享受市民权利。市民权利，不仅仅是进城务工人员在城镇的就业、生活，更重要的是能够平等享受公共服务的权利，也就是教育、医疗等社会服务，和城市户籍居民享受同等权利。

党的十九届五中全会上，习近平总书记在讲话中强调了以人为核心的新型城镇化，而且把以人为中心的新型城镇化归结为农业转移人口的市民化，体现了共享发展的思想。进城务工人员到了城镇以后，对城镇的建设和发展都作出了很大的贡献。城镇发展以后，他们也理应共享发展的成果。如果把人口转移意义上的城镇化看作是一个城镇化的1.0阶段，那么今天所说的农业转移人口的"市民化"，就是新型城镇化的2.0阶段。当然，"市民化"不仅仅是一个户籍问题，更重要的就是要使这些转移人口能够平等地享受到城市居民的权利。

为什么我强调要进入到2.0阶段？虽然我们城镇化推进的速度比较快，但是城镇化也面临着许多新的问题。在苏南地区曾经创造过一个解决"三农"问题的模式，就是三句话：以非农化解决农业问题，以城镇化解决农村问题，以农业劳动力转移解决农民问题。这三句话实际上都是在"三农"之外去发展"三农"，靠城镇化的溢出效应来带动"三农"的发展。

另外一个问题，经过多年的农业劳动力转移，现在转移人口已经占到了60%以上，特别是苏南地区，农业转移的人口比例更高。我们发现农业转移人口不像过去所理解的是无限的。现在沿海地区，进城务工人员的短缺现象已经开始出现，不像过去那样有那么多的劳动力要到城市里来。

再一个问题，城市尤其是大城市，普遍存在着人口密集、交通拥挤、环境污染等这些城市病。城市病，对整个现代化的进程起到阻碍作用。在这样的背景下，农业领域就业的劳动力相当多的是老人和妇女，"刘易斯拐点"已经到了。特别是在我国沿海地区和中西部地区，需要的不再是劳动力大规模转移，而是希望这些劳动力能够留在农村。且不仅仅是需要劳动力留下来，更重要的是需要新型的投资者、农业经营主体能够回流农村。

到了2.0阶段，是要解决转移人口的"市民化"，马上带来一个问题，这些转移人口"市民化"是不是都到大中城市里去"市民化"呢？我们哪座大中城市能够承受这么多的转移人口"市民化"，能让他们享受市民权利呢？这就是一个新的问题。城镇化还必须往前推进，要进入3.0阶段。

所谓3.0阶段，就是要使转移出来的农民，不是进入大中城市，而是要在城镇就地实现"市民化"。也就是说，20世纪80年代农民进城镇是转移到城镇去，是"农民进城"意义上的城镇化，今天要解决的是转移出来的这些农业人口在城镇能够平等地享受市民权利，这就标志着城镇建设发展到了一个新的阶段。

习近平总书记提出一个重要思想，就是要建设现代的城乡区域发展体系，它的核心思想就是要彰显优势，协调联动城乡发展体系。彰显优势，毫无疑问是指城市的优势，但是城市和农村必须协同、协调、联动。党的十九届五中全会上，习近平总书记指出："当前我国发展不平衡、不充分问题仍然突出，城乡区域发展和收入分配差距较大，促进全体人民共同富裕是一项长期任务。"我们所确定的2035年基本实现现代化的远景计划，核心问题就是要解决好共同富裕问题。而解决共同富裕问题的一个重要方面，就是要把城乡之间的差距进一步缩小，就必须解决好城乡的协调联动的问题。

如何协调联动，我这里提出一个新概念⸺城镇城市化。我们将要进入的城镇化3.0阶段，就是要求城镇在城乡融合中创造农民"市民化"的新模式。也就是说，要实现农民无需进城，在当地的城镇就能享受到平等的市民权利，能够享受到城市的文明。真正达到这个目的，新型城镇化就要对农村城镇赋能。什么叫赋能？就是赋予它一种新的能力，我概括为几个方面。

第一，城镇要成为乡村振兴的中心和依托。党的十九届五中全会上明确要实施乡村振兴战略，大家知道党的十九大提出的是"乡村振兴战略"，由"战略"变为"行动"。怎么推进乡村振兴战略？我认为带动乡村振兴的最重要的动力源就是农村的城镇，它们是乡村振兴的依托和中心。现在我们乡村振兴最需要的是要吸引现代的生产要素。现代的生产要素从哪里来？由谁来吸引？应该是由城镇吸引现代的生产要素。下一个阶段在乡村振兴中，我们的建设重点要转到农村的城镇，使农村的城镇具有所需的城市功能。

第二，城镇要吸引大城市疏散转移的产业和人口，吸引人才到城镇就业、安家。由于人口过多而造成的大城市病，已经显现出来了。疏散城市的产业和人口，谁来接受？就是城镇。下一步，新型的城镇化不仅仅是解决农村本身的问题。大城市现代化的功能要发挥出来，它必须要转移，这是城镇未来应该具有的功能。

第三，城镇要为农民提供就地市民化的机会，农民进入城镇享受市民权利。我们要提供农民就地市民化的机会和场所，过去城镇向农民提供的是进城的机会，今天要解决的是在城镇农村就地市民化，享受市民权，这是新型城镇化对城镇的新赋能。在这样的背景下，我们需要解决的一个重大问题，就是城镇城市化。过去，我们只是谈城镇化，农民进入城镇，今天我们需要解决的是使城镇具有城市功能。下一个阶段，我们的城镇要加强的是市民化能力的建设，主要包括以下几个方面。

一是按照现代城市的要求，在城镇进行基础设施和公共设施的建设，包括供水、供电、供气、通路、通电话、通电视、通网络、办学校、办医院，其中重要的就是优质的教育资源、医疗资源进入城镇。农民为什么要到大中城市去？是因为城镇优质的教育资源、医疗资源在吸引他们。如果优质的教育资源、医疗资源以及其他公共资源能够均衡地分布，农民还要进大中城市吗？这是市民化能力建设的一个方面。

二是按市民化要求推进基本公共服务的均等化，将提供给市民的机会和设施也能安排到农村城镇去，把高质量的教育、文化医疗设施落实到农村城镇，加大农村城镇的公共产品和公共设施的供给，由此使农民不进入城市、在当地城镇就能享受到各种市民的权利，特别是保障其在城镇就能享用城市优质的教育、医疗和文化资源。

三是增加城市要素供给，包括产业发展、公共服务、吸纳就业、人口集聚4个功能。市民化是需要成本的，需要政府、企业、居民共同分担成本。地方政府需要积极引导社会资本，来推进城镇化发展。

地方品质与区域经济发展

演讲人：杨开忠（国际欧亚科学院院士、中国区域科学协会会长、中国社会科学院大学应用经济学院长，首都经济贸易大学原副校长）

　　2017年，我提出来一个学科：新空间经济学。现在，我越来越坚信这个学科的正确性和发展前景。经过3年的时间，我们政界、企业界、学界都在谈一个问题——地方品质，包括城市品质、乡村品质、国土空间品质等。习近平总书记在今年发表的国家中长期战略若干重大问题里特别提出来，要使城市成为人民群众高品质生活的空间。"十四五"规划提出，要构建高质量发展的国土空间布局。

　　什么是地方品质？从学理上来讲，就是在空间上不可贸易品的数量、种类、可及性。当今的区域发展，就是地方品质驱动的发展。地方品质主要有4个方面的内容：个人消费服务、公共服务、环境服务和可及性。

　　今天我讲的第一个观点，是地方品质驱动区域发展、驱动城市发展、驱动镇域发展。为什么这么说？我们可以从两个方面来看。

　　第一个方面，从需求来看。长期以来，我们国家在发展营销上始终是一种生产导向、增长导向，关注的是一种物质生产或增长。在思想观念和行动上，我们会自觉或不自觉地假定，只要把物质产品生产出来了，是不愁没有人买。只要经济增长了，人们的收入水平就会自动地提高，增进人们的幸福。所以，我们要满足人民群众的需要，关键就是生产，就是解决"有没有"的问题。在全面建成小康社会之前，社会生产能力严重短缺，老百姓的需求相对集中在生理和安全的物质性需求层次，所以生产的、增长导向的发展思想和行动是基本合理的。但是随着人民群众需求的升级，由简单生理的、安全的需求层次拓展到社交、尊重和自我发展的需求层次，我们满足人民群众需要的问题变了，变成了"好不好"，也就是人民满不满意的问题。在这种情况下，发展营销从生产导向、增长导向转变为幸福导向。我们要回答人们的幸福感由哪些因素决定的问题。过去我们说幸福感由收入决定，收入由增长决定。现在人民群众生活的幸福感、得到的效用，不仅仅取决于收入，还取决于至少两个方面的内容：一是那些给我们提供愉悦的各种设施的相关因素，包括消费服务、环境服务或者可及性等因素。二是我们的生活成本。改革开放初期，地区之间的差异可以简单地用增长、用收入去衡量，现在不行了，为什么？现在北京一套房子很贵，无锡相对要便宜一点，嘉善就更便宜了。再加上，我每天要花3个小时在北京的通勤上，这些都是影响我幸福感的因素。所以，现在要全面地考虑，既要有体面的工作和收入，更要有舒适性或可以承受的住房、通勤等生活成本。这些内容，是由地方品质来决定的。

第二个方面，供给。从供给来看，我们的发展方式发生了变化，过去主要是靠劳动力、土地等要素驱动，后来我们又靠投资驱动，现在靠什么？靠创新驱动。习近平总书记告诉我们，创新驱动的本质就是人才驱动。人才去哪儿？根据国外的一项研究，很多地方的发展，并不是先有产业，而是先有人才。为什么人才会到这些城市来呢？原来就是这个地方的地方品质富有魅力。富有魅力的高品质的地方，它会吸引人才。

无论从供给，还是从需求来看，地方品质驱动是我们在新的形势下，获得发展的根本途径之一。在这个背景下，实施地方品质驱动战略，就成为地方和国家发展的一个非常重要的选择。从全球来看，自觉或不自觉实施地方品质驱动，成为发达国家在20世纪60年代早期的战略。以日本为例，他们最早用地方品质来驱动发展，1969年推出《新全国综合开发计划》，明确提出要构造一种广义的美好生活圈。

我们国家，也已自觉或不自觉地把这个问题上升到国家发展战略的高度。2015年全国城市工作会议上提出，建设和谐、宜居的现代化城市，"宜居"就是地方品质的综合表现。在"十三五"规划当中提出了新型城镇化的"五个城镇"：紧凑城镇、绿色城镇、智慧城镇、创新城镇、人文城镇，在"十四五"规划建议里新增加了"三个城市"：健康城市、消费城市、韧性城市。为此，我们正在推行下列五大行动。

第一，消除分割。在去年，我国发布了建立更加有效的区域协调互动的机制，就是在解决这个问题。

第二，权利均等。让人民分享城市权利，这是非常重要的。

第三，城市更新行动和乡村建设行动。这两个行动的核心，根本目标都是为了提高地方品质。城市更新是提升城市的品质，乡村建设是提升乡村的品质。

第四，有机疏解。当然，从城市的角度来说，我们的特大城市、超大城市和中心城区分布太密集。"十四五"将是开始推广"北京缩减非首都功能"经验的第一个五年计划，习近平总书记也明确提出来要逐步缩减超大城市、特大城市和中心城区的人口和功能。这对小城镇的发展，也有着非常重要的意义，小城镇都有可能成为超大城市、特大城市、中心城区功能转移的承载地。

第五，城乡共生圈化。我们要把城乡共生圈外面的生态地区或者农村地域的人口和经济，尽可能压缩到城乡共生圈里去。乡村振兴，也需要"城乡共生圈化"。

主题演讲实录

国外先进社会治理理念与模式借鉴

演讲人：张学良（上海财经大学城市与区域科学学院院长、上海财经大学长三角与长江经济带发展研究院执行院长）

　　未来的城镇是什么样？未来的城镇放在国际上来观察是什么样子？我们团队在研究国际小镇方面已做了两年的工作，研究国外的100个城镇案例，看这些小镇在发展目标、发展历程、城镇管理等方面的一些做法，今天我分享其中的5个国际小镇案例，希望能够为国内的小镇治理带来一些经验借鉴。

　　第一个案例，泰国清迈。清迈俗称"泰北玫瑰"，是泰国的教育重镇，也是东亚地区教育的重镇。在清迈，基础教育所依托的国际学校有25所，国内包括上海、武汉、成都等城市的孩子在泰国清迈接受教育甚至举家迁往清迈的案例非常多。去年暑假，我前往清迈实地考察当地在教育国际化以及打造全球旅游目的地这两方面的经验做法。总体来看，清迈的国际教育始于20世纪50年代，具备丰富多样的教育资源、国际认证的教育系统、多样化的教学模式、相对低廉的教育经费以及安全稳定的社会秩序等特征优势。当地政府在发展理念上支持教育及相关产业的共同发展，为教育升级创造良好的环境。此外，泰国清迈拥有得天独厚的优美自然环境，是世界级康养旅游度假胜地之一。近期，清迈市政府也在谋划建设智慧城市，探索将教育、医疗、养老这"三座大山"变成金山银山的有效做法。

　　第二个案例，美国安娜堡。这是位于北美五大湖城市群的一个小城镇，人口数量10万左右，是世界顶尖大学之一的密歇根大学主校区所在地。该小镇拥有全美较好的医疗条件和环境基础，是全美最宜居的十大城市之一。同时，依托于高等教育的发展，在当地繁荣的教育文化产业发展的基础上，安娜堡围绕着大学城的主题大力发展旅游业。安娜堡拥有11.5万名居民，其中包括7万名学生，同时还有大量的游客，这对城市的交通系统造成了巨大的压力。为此，安娜堡率先利用最新的智能交通技术以持续改善其交通系统。密歇根大学与美国交通运输部以及福特、通用汽车、本田、日产等企业共同建设的车联网"模拟城市"已正式投入使用，今后将作为无人驾驶汽车和车联网技术的试验场地。这也是世界上第一个进行车联网和无人驾驶技术实测的立体化"未来城市"的试验场，安娜堡已经成为智慧交通的全球向往地。

第三个案例，日内瓦湖区。学习日内瓦湖区的经验，将长三角地区的环淀山湖打造成世界级湖区。在世界级湖区建设的过程中，乡镇起到非常重要的作用，湖区经济最大的特征之一就是湖镇协同。以日内瓦湖为例，日内瓦湖位于瑞士和法国的交界处，现今湖区经济发达，是众多国际组织、跨国公司的集聚地。但在20世纪60年代，日内瓦湖污染严重，周边地区发展滞后。经历了半个世纪的综合治理与发展，日内瓦湖区从水污染严重的"死湖"变成世界级湖区之一。总结日内瓦湖区的发展经验，主要有以下5点：一是开发与保护并重。严格规划设计，坚持适度开发，鼓励多元主体参与治污，建立跨界治污合作体系。二是传承与创新并举。保护古建筑遗址，开设民俗文化博物馆，利用数字经济推动文化创意产业发展。三是湖与镇协同开发。基于自身特色打造丰富多样的旅游小镇，通过交通基础设施连接各城镇，实现共同发展。四是完善基础服务。打造全球优质的医疗保健系统，构建内部换乘、外部衔接高效便捷的交通网络，强化接待设施建设。五是汇集智力资源。重视高等教育和各类培训，综合利用各类智力资源。同样的，中国有很多的乡镇旅游资源也十分丰富，那么我们应该如何借鉴湖镇协同的模式，发展我们的乡镇？日内瓦湖周边的乡镇做了很多有价值的探索，如对当地文化的坚守和对现代文明的向往，以及对城市活力和精神状态的追求，均在日内瓦湖得到了清晰体现。日内瓦湖在交通网络、医疗保健系统、教育培训和接待设施等各个方面，都做到了行政区划、经济区划、社会文化区划的统一，探索非常超前。

第四个案例，美国格林威治小镇。格林威治小镇位于美国康涅狄格州西南部，处于纽约东北方向的康涅狄格州"对冲基金走廊"上，是纽约市的卫星城镇之一，也是全球对冲基金的大本营。19世纪之前，格林威治小镇主要发展农业，20世纪初逐渐转向发展金融服务业。得益于当地政府长远的眼光，通过税收政策、环保、市政与大批经纪人、对冲基金配套人员等高素质人才"强联姻"，格林威治基金小镇金融集聚效应快速形成，对当地产业结构的调整和社会经济的协调发展发挥了重要作用。格林威治小镇注重城市生活配套设施的完善与公共服务体系品质的提高，提供良好的基础设施和安保体系。小镇四通八达的交通网络、高速的信息网络、完善的娱乐和健身设施，不仅能够缓解小镇内员工繁忙工作的压力，也为基金交易者们提供了安全保障。综合来看，格林威治高品质的公共服务不仅带动了当地金融产业的发展，也提高了当地居民的生活水平和生活质量。

第五个案例，德国巴登-巴登小镇，是德国的旅游胜地。小镇积极构建"度假+康养"特色的文化休闲中心，有国际赛马会、世界舞蹈晚会等。再加上森林疗养的特色功能，使得巴登-巴登小镇成为精英人士的休闲和度假中心、欧洲沙龙音乐的中心和欧洲的文化与会议中心。巴登-巴登小镇还构建了旅游、康养综合型产品体系，针对不同年龄、不同群体的不同需求，提供丰富的产品体系。同时，当地政府在推进镇域化方面起到了很大的作用，如牵头进行基础设施的改造。当地政府成立了一些公共组织来进行镇域化的管理，这些组织发起了一个项目叫Mlap，目的是强化居民的地域认同，塑造新品质城乡，依靠自身禀赋实现内延式发展。具体而言，即通过集约土地利用，调动村庄产业、文化发展的潜力，推动基础设施建设等系列举措创造富有吸引力的小镇，形成了非常好的治理成效。

以上5个小镇给了我们一些启示，它们有两个明确的发展目标：高品质生活与高质量发展。中国的新型城镇化走向未来，一定也是以高品质生活引领高质量发展为未来发展方向。在追求高质量发展与高品质生活的同时，离不开高效能治理。高效能治理对于一个区域内部的城市而言，就是政府引领城市治理，也包括像保利这样的国有企业以及其他民间社团来共同参与城市的治理，这些是高品质生活与高质量发展的前提。高质量发展的最终目标还是为了高品质生活，高品质生活本身就能够带来高质量的发展。

党的十九届五中全会提出，让人民有获得感、幸福感。从城市体系来讲，小城镇老百姓的幸福感、获得感怎么得到？需要高效能的治理。高效能治理是一种综合能力的集成，它包括发挥政府的主导作用，包括政府、企业、市民和社会组织的协同能力的提升，包括治理模式与操作方式的创新能力，包括信息化与数字化的运用能力，也包括突发公共安全事件的应急处置能力。这种能力，不仅大城市是需要的，对乡镇来说也很重要。我们的管理要下沉，更加注重乡镇的管理。

在中国，乡镇是中国基本的空间单元，它承载着中华民族千年的文化，是城与乡的重要衔接，是"最后一公里"打通的枢纽，同时也是社会治理的基石，重要性毋庸置疑。在中国几千年以来，镇的数量都保持长期的稳定。今天中国的许多乡镇在100年前叫什么名字，现在还是叫这个名字，有历史的传承和延续。特别是在我们江南地区，依托江、河、湖来进行发展，依托良好的基础设施来发展，形成了富有特色的乡镇。乡镇作为社会治理的基层单位，是构建和谐美丽中国的基础，也是实现人民对美好生活向往这一奋斗目标的重要环节。因而，乡镇建设应该更加精细化、均衡化，建设成熟的经济、社会综合治理体系，强化乡镇协同治理水平，不断提升区域治理的能级，为居民创造安全、便利、有序的生活环境。

基层的社会治理是整个社会治理的核心，要向着社会化、法治化、专业化和智能化迈进，每个"化"都是一篇文章，我们要深入研究。同时，乡镇社会治理应该实现由"点上治理"到"全域治理"的转变。全域化的治理就是要建好规章制度，创新运行机制，建立包含指定代建、购买服务、科学定价、激励约束、改进监管、自身建设等综合运行机制。乡镇社会治理可由政府主体转变为"政府+企业+民众"的"三位一体"治理模式，实现乡镇共治、居民自治和企业专治，共同推进政社合作、政企合作和政民合作。

社会治理是完全靠政府来治理吗？我们提出了一个新的概念，在城市叫公共政策导向型企业。在很多城市，城投公司就是公共政策导向型企业。但是在城镇，我们怎么寻找公共政策导向型企业一起进行公共服务治理？这里，我要提及保利的模式，一家大国企加上X个乡镇，这种做法是一种探索。虽然今天我们这方面的研究并不多见，但是在实践中确实已经做了诸多的探索。

让企业在城市治理中发挥更大的作用，对国有公共政策导向型企业提出了很高的要求。让企业在乡镇治理中发挥更好的作用，至少要做到这4个方面。第一，保障公共利益优先与城市服务高质量。第二，治理到位，服务达到普惠的要求。乡村的治理或者全域化的管理，要让我们的农民、城市的居民"一个都不能少"。第三，监管有效，防范风险。第四，提质增效。

今年以来，我们的团队着手中国的百镇调研，这项工作已经全部铺开了。我们的团队用脚度量，用心感受，足迹从长江走到珠江，走向黄河，再回到长江，实地调研我国乡镇的发展，在城市治理体系当中发挥着什么样的作用。

总而言之，我们希望把好的资源、好的服务、好的管理放到基层，把智库的力量下到基层，把乡镇的工作经验提到高层。顶层设计自上而下和基层探索自下而上相结合，推动城乡基层治理发展新格局。

主题演讲实录

三年、三问、三答

演讲人： 吴兰玉（保利物业服务股份有限公司党委书记、董事长）

镇长论坛已开办3届，作为承办方，我们也在持续的实践探索中不断思考，并形成了一些可以分享的成果。

"你好"，代表了物业服务的态度，刚才宣传片里的一声声"你好"，让我们能瞬间感受到物业行业的特点。"空间"，代表着物业服务的尺度，物业行业也一直习惯以空间划分着自己的管理范围和服务内容。而当保利物业服务了近30个城镇、1000多个项目之后，我们感觉到空间的边界再一次消融，而对物业本质的思考再一次浮出水面。

第一个问题，物业服务的本质是什么？对于这个问题，很多物业头部企业都给出了自己的答案。在过去的两年，已有10多家物业公司变更了企业名称。新名称所显现的物业服务公司价值取向，大致来看可以分为两大流派。一派是科技派。他们强调物业服务将会是科技驱动的服务行业，提供更智能、更自动的服务。物业的核心能力将会是技术，核心资产是数据。另一派是生活派。他们认为物业服务就是围绕人的居住，提供更多元的服务，链接健康、医疗、教育、消费和养老服务产业。但在我们看来，前者仅是服务方式的升级，后者仅是服务内容的增多，似乎都没有回答物业服务行业的本质问题。

大道至简。当新的手段、新的内容越来越丰富，保持初心就显得更加可贵。我们认为服务的本质一定是对人的服务。"你好"体现的就是服务最初的原点和最终的目标，无论是空间的管理，还是场景的运维；无论是科技的加持，还是服务的链接，核心的本质是人的体验、感受和获得的提升。

与在座的各位专家、执政一方的领导干部聊这个观点，可能也更有共鸣。践行"全心全意为人民服务"的宗旨，是我们义不容辞的责任，在国家治理和发展如此宏大的命题之下，最后的答案也是落于服务人民之上。党的十九届五中全会报告中明确提出，"构建以人为核心的新型城镇化""让人民生活更美好"，于是我们就要思考第二个问题。

那就是，在推进国家战略落地的过程中，物业服务行业应该扮演什么样的角色？我们也看到越来越多的物业服务企业，将自己定位为"美好生活服务供应商"。但以何种服务打造出美好生活，似乎没有明确的答案。2019年，我们分享了自己对于物业服务行业未来发展的看法——从"小物业"走向"大物业"。在当时看来，物业行业应该走出小区围墙的边界，从物业管理区域走向社区，从社区走向社会、走向城市更广阔的空间，覆盖更多的公共空间和细分业态。如果说，空间的打破是物业行业的第一次升位。那么我想今天我们提出的将是物业行业的第二次升位，即从硬空间走向软基建，从以服务和管理空间出发的"产品思维"，走向响应国家战略的"行业定位"。

"新基建"这个词，这些年提得很多，大家也非常熟悉；而"软基建"提到和听到的都要少一些。在我们看来，国家在建设成为社会主义现代化强国的过程中，需要两种基建：一种是以5G、特高压等高新技术为代表的"新基建"，这是国家经济发展中的硬核支撑；而另一种，则是以公共服务、公共配套、公共资源和公共环境为代表的"软基建"，它是国家发展中民生福祉的柔性保障。

举一个绕不开的例子，新冠肺炎疫情。新冠肺炎疫情，对物业行业是一次猝不及防，又极度严苛的考验，但也让物业作为"软基建"力量，得到了最大的彰显。以保利物业为例，我们在600多个住宅小区中构建了人员排查的"防线"、系统消杀的"屏障"，以及隔离人但不隔离爱的"守护"。我们在近30个乡镇，以网格化的方式勾勒了一条条"守护线"。在西塘，确保外出返回的每一人都予以登记、排查；确保走访、记录在住的每一户。在苏通大桥和肇庆高铁站等交通枢纽，我们24小时坚守，每人测温、每车消毒，公共空间每小时消杀一次。在白云机场T2航站楼，我们独创了悬浮式电梯按钮，将接触式感染概率降到最低。

从结果来看，我们服务的武汉住宅小区，居民感染率仅有武汉市整体水平的十分之一，甚至有零感染小区。我们服务的乡镇，没有出现一例外地输入型感染。我们服务的交通业态，没有漏掉一个疑似病例。这些，都是软性服务构建起的刚性防火墙，这都是物业作为"软基建"力量的体现。

如果说"新基建"代表着国家综合实力指数，那么"软基建"就代表着国民幸福指数。已经走到了"大物业"阶段的物业服务，必然是软基建中的重要力量。物业服务将助力实现公共服务的扩大化、均等化、智慧化；助力实现公共配套的专业化、品质化和精细化；助力实现公共资源的集约化、高效化和共享化；助力实现公共环境的净化、美化和亮化。这既是我们对物业行业定位的再思考，也是我们通过3年城镇化服务探索出的实践成果。

那么，作为物业服务行业的央企，在"软基建"的行业定位下，保利物业应该发挥什么样的作用？当越来越多的物业企业转向城市服务领域，保利物业似乎在走一条好似一样其实又不一样的道路。"一样"的是，我们也在城市布局了学校、医院、政府公建、轨道交通等核心业态，也在我们现在所在的锡东新城，以及广州的南沙区和白云区，开展了环卫一体化或全域化服务。"不一样"的是，我们还布局了另一个更广袤的服务领域——城镇公共服务。

为什么是城镇公共服务？2016年，当我们第一次走进西塘进行服务时，我们还没有答案。2018年，当我们提出"镇兴中国"这个服务品牌时，我们有了一些模糊的思考。2020年，当我们服务了近30个城镇，我们在服务过程中切实感受到了国家政策的脉搏，积累了许多独特的经验，使这个答案变得清晰和直观。

细细阅读党的十九届五中全会公报，以下语句格外引人注目："基本公共服务实现均等化"，"城乡区域发展差距和居民生活水平差距显著缩小"，还有"乡村振兴""美丽中国""平安中国"，等等。在这份公报的12个篇章中，有8个与物业服务密切相关。我们在国家战略的背后，看到了城镇对现代化治理的迫切需求，也看到了物业行业未来发展的无限机遇。

作为物业服务行业的央企，我们更看到了自身负有的践行国家战略的使命和担当。城镇，是城乡二元结构的稳定器。解决发展不平衡不充分的问题，关键的出发点还是城镇。在面积更大、分布更广的城镇中，人民群众日益增长的美好生活需要，还没有被关注、被满足。这是时代赋予我们央企的责任，也是国家发展赋予我们央企的机遇。因为，只有时代下的企业，也只有国家战略下的企业机遇。所以，我们是谁？我们将自己定位为"'大物业'时代的国家力量"。作为"大物业"的提出者和践行者，我们将持续深耕城市业态和城镇全域治理，以专业化的管理和服务能力成为中国式社会治理现代化中的中坚力量。

在这个新的定位下，我们的视角会发生很多变化：从关注空间的管理到关注人的感受；从关注社区的小环境到关注城市和国家的大环境；从关注企业本身发展到关注更多的产业生态的形成；从关注单纯的服务标准优化到关注技术如何为服务赋能。

我们将以"大物业、小场景、新商业、数字驱动"作为我们战略实现的路径。"大物业"，从更大的国家战略视角着手，进一步推进服务的全域覆盖、全业态覆盖、全民覆盖。"小场景"，从更细微的人的核心需求着手，关注人在不同场景的需求，提供标准化之下的个性化服务。"新商业"，从产业链的上下游整合和区域覆盖着手，推动企业发展和产业链不断完善，将产品从乡镇带到城市，也将服务从城市下沉到乡镇。"数字驱动"，从信息化的管理和智慧化的服务着手，用科技改进服务需求的把握和响应，以数据推进新型城镇化建设和治理。

3年，以亲身的点滴实践和审慎的反复求索，我们给出了3个问题的答案。答案已有，但步履未停。我们坚信物业服务要作为国家发展"软基建"的重要一极，要以国家战略为纲，以服务人民为本，在全面建成社会主义现代化强国的征程中，发挥物业人应有的巨大能量。我们坚定地作为大物业时代的国家力量，以央企的担当和头部企业的奋进，助力城乡服务均等化发展、助力城镇治理现代化、助力乡村振兴和美丽中国建设。

主题演讲实录

公益慈善与乡镇社会治理

演讲人：邱　哲（浙江大学社会治理研究院助理院长、浙江工商大学英贤
　　　　慈善学院教授）

很荣幸，参加"镇兴中国"基层社会治理研讨会，并分享我粗浅的想法，学习各位专家不同视角的研究成果。我曾在公益慈善第一线工作，此时，我将以一名基层公益慈善工作者的身份和视角，和大家一起探讨公益慈善在乡镇治理中的作用与价值。

一、公益慈善组织应该成为基层社会治理的重要力量

钻石与石墨大家都非常熟悉，它们的共同点是都由碳元素组成，但由于构成它们的碳元素原子排列方式的不同，导致其物理属性截然不同。所以结构的不同会使物质呈现完全不同的品质。社会管理与社会治理，只是"管"与"治"的一字之差，但却对人们的认知、能力等，提出了截然不同的要求。

社会组织尤其是公益慈善类组织，具备面对社会需求协调社会关系、积累社会资金、均衡群体利益以及参与社会治理的重要功能，具有提供公共服务、化解各种矛盾、整合社会资源和加强交流合作的重要作用，是社会治理的参与主体之一。

提起从事公益慈善服务的志愿者，人们脑海中浮现的人群大多是手戴红袖标、身披红马甲的叔叔阿姨，或是暑期支教的大学生。然而，进入新时代，参与公益志愿服务的人员结构已悄然发生翻天覆地的变化，截

至2020年3月16日，我国实名注册志愿者总数达到1.69亿人。在我所熟知的"焕新乐园"公益项目中，浙江省民政厅、省妇联等厅局级领导机构成员，每年都深入公益服务第一线担任志愿者，服务帮带基层民众和妇女儿童。阿里巴巴每年组织近300名包括合伙人在内的企业高管，扎实开展"人人三小时公益"的志愿服务。同时，承接项目运行的基层社会组织，每年动员属地志愿者参与项目服务的人数超过5万人次。

公益志愿队伍的发展，彰显理性社会的成长，是社会矛盾逐步化解、公民参与能力不断提升的现实表现，也是自治体系逐步完善的标志。

截至2019年底，全国各类社会组织从业人员达1037.1万，为社会提供1000多万个就业岗位。随着社会治理现代化的不断推进，社会组织专业化、专职化的快速发展，将会更加深入地融入基层社会治理、更加有力地推进社会全面进步。

公益慈善力量作为社会财富第三次分配的有效手段，越来越多地被政府应用到救助、扶贫、济困、社会问题的解决之中。"99公益日"，腾讯公益带领中国众多社会组织，整合全国优秀的公益项目，通过互联网技术在微信平台、朋友圈中发起公开募捐，每年在9月7日至9日这3天时间里，用公益慈善的力量，为社会的弱势群体帮扶、社会问题的解决集聚力量。仅2020年的"99公益日"，就带动5780万人次筹款30.44亿元。至2020年4月30日，浙江省公益慈善组织发布的数据显示，为应对新冠肺炎疫情的筹款达到23.09亿元。至2020年9月底，《网络大病筹款平台行业报告》显示，水滴筹为经济困难的重病患者免费筹得330亿元的医疗救助款。

甘肃省渭源县曾是国务院扶贫办重点帮扶的深度贫困县。2018年以前，全县没有一家公益慈善组织、没有一名志愿者，可谓是公益力量的荒漠地带。当我们要投一笔基金助力当地脱贫攻坚时，发现竟然没有一家可以接收这笔资金的社会机构。为了让公益资金能够及时帮助到更多需要帮助的困难群众，当地注册成立了渭源第一家社会组织——航新春雨公益服务中心，结束了渭源"零志愿者、零社会组织"的历史。短短5年时间，该中心注册志愿者已近1000人，帮扶127个建档立卡贫困户率先摘帽脱贫，112户家庭达到了"美丽庭院"标准；长期陪伴249名贫困家庭儿童成长，帮助27名特困大学生圆梦大学。

渭源民众从漠然到新奇，从新奇到认同，从认同到参与，在政府的引导下，当地民众参与公益慈善活动的态度发生了根本改变。渭源县民政局以政府购买服务的形式，把全县所辖的217个乡镇村1250名特殊人员的关爱服务工作打包，交由航新春雨公益服务中心完成。在实施社会帮扶关爱过程中，航新春雨公益服务中心发挥了不可替代的作用。

二、基层社会组织参与乡镇社会治理面临的主要问题

其一是基层政府还没有真正把基层社会组织作为社会治理的重要力量加以培养、使用。基层政府对社会组织建设培育的重视程度不足，乡镇机构还缺少对社会组织在基层治理中的作用和价值的认识，对把公益慈善组织作为社会治理的重要力量加以培养、使用不够积极。基层政府抓社会组织参与社会治理的意识不强、信心不足、热情不高、力度不大。

公益慈善是培养人们社会意识、公共观念、慈善情怀和德治理念的有效实践渠道。公益慈善组织与基层政府部门、业务机构有机融合，功能互补，可成为乡镇治理的重要力量。公益慈善组织作为慈善关爱的实践者、社会问题解决方案的探索者、社会力量的连接者，应当具有4个"度"，即温度、高度、广度、深度。温度是社会情怀，是我们的爱心；高度就是熟悉掌握当下的社会需求、政策指引、战略规划；广度就是具有广泛的影响力和服务能力；深度，就是专业性。正是因为公益慈善组织的上述特性，决定了其特殊的跨界链接功能，可以构建社会成员服务社会的广泛渠道，且持续不断地壮大社会力量。

基层政府应该高度重视发挥公益慈善的作用，把它作为强化基层社会治理、完善社会服务功能的重要力量和载体，要大力倡导和营造乡镇社会治理问政于基层民众、问道于社会实践、借力于公益慈善的理念和氛围。

其二是基层民众对公益慈善组织参与社会管理和社会服务缺乏应有的认同和信任。一个时期以来，一段深入人心的广告语"12345，有事找政府"，家喻户晓、深入人心，唤起民众对政府的信任和依赖。与此同时，基层群众对公益慈善力量参与基层社会治理的认识却既片面又浅显，认为公益慈善就是学雷锋做好事、搞卫生送茶水，而解决普遍性的社会问题、深层次的社会矛盾只能依靠政府。全社会应当大力宣扬公益慈善力量对于

社会治理的重要性，调动基层群众参与公益慈善服务、融入乡镇社会治理的积极性、主动性。同时，把解决基层群众的服务需求交给属地社会组织，推进社会组织能力建设、发展壮大。加强社会组织专业化建设，没有职业化就没有专业化。努力克服"零敲碎打"、临时应对的惯性，充分发挥当地社会组织的语言优势、交通优势、文化优势、群众优势，链接当地资源、服务当地群众、促进群众自治，深度融入乡镇社会治理。

三、乡镇党委领导要把培养高素质基层公益人才作为履职尽责的重要内容

党政领导要重点帮扶、孵化、培育社会组织，在资金、人才、场所、政府购买服务的资金配比等方面给予基层社会组织更多的支持和帮助。同时，采取行之有效的宣传方法，让广大民众真正认识到社会组织参与社会治理的意义、优势和作用。强化群体认知，大力营造人人是主体、人人有责任、人人做贡献的社区共建共治共享氛围，让共治的理念深入人心，从而为社会组织的健康发展和参与社会管理创造条件。

全域治理：基层治理现代化的路径

演讲人： 张丙宣（浙江工商大学公共管理学院副教授）

当下的中国不同于20年前、50年前的中国，基层的治理要放在整个大国的崛起过程中去理解，否则我们的理解可能是片面的，我们的做法可能没有前景。

基层是什么？基层在中国的国家治理体系中扮演什么样的角色？党的十九大报告给我们提出了一个非常明确的目标，就是实现中华民族伟大复兴的中国梦。党的十九届五中全会开启了全面建设社会主义现代化国家的新征程。向第二个百年奋斗目标迈进的第一个5年，是非常关键的5年。两次重要的会议都对中国往哪里去、中国要做什么作出了明确的指引。中国要的是中华民族的伟大复兴和中国梦的实现，我们的改革和做法就是围绕这样的目标，基层是伟大目标当中的一个环节。

在中国梦的实现过程中，我们如何重新认识基层？社会治理的重心在基层，基层正在从以前社会治理的"末梢"转变为"前哨"，这个转变已经经历了10年，当前仍在转变之中。党的十九届五中全会提出，我国的社会治理特别是基层治理的水平，要有一个明显的提高，对基层寄予了厚望。同时，还提出了德治、自治、法治，前面又加上了"党组织领导"。另外，又提出"推动社会治理重心向基层下移，向基层放权赋能""加强和创新市域社会治理"。

一、基层治理负重前行

基层要承担非常多的工作任务，我们怎么去理解这种现象。今天在座的都是基层一线的领导干部，这些问题你们可能比我更熟悉，但是我认为对这些问题我们要重新认识和理解。

第一，经济社会转型的老问题与新挑战。我们现在的许多问题是历史上遗留下来的，有些问题是结构性的，短期内无法解决，只能期待通过发展来解决，但同时发展中又会产生许多新的问题。在社会转型中必然出现老问题和新问题叠加的现象：如快速城市化的过程产生的土地征用、房屋拆迁等问题，可能也是当前基层社会转型中最突出的问题。

第二，人们的生活追求正在经历从物质生活需求向精神文化生活需求的深刻转变，对基层治理形成新挑战。当人们有更多精神需求的时候，我们能否满足这些需求？当然，各地都在提出试图满足人们的这些需求的举措，但是人们的精神需求在变，而且精神需求的变化远远比物质需求的变化要快得多、个性化差异也大得多。比如说，浙江之前讲"最多跑一次"改革，现在又提"最多跑一地"改革，这些改革的目的都是让人民群众满意。但是这种"满意"是很主观的，今天"满意"，明天不一定"满意"。不满意不一定是说我们做得不好，而是人们的期待在提高，我们的服务质量能否赶上人们期待的增长的速度，如果赶不上的话，可能人们仍然是不满意的。

第三，深度融合的全球化和信息通信技术进步带来新挑战。全球化除了给我国带来新的发展机遇，也带来了诸如环境污染、恐怖主义袭击、毒品走私、疾病扩散等风险。信息通信技术的进步极大地方便了人们的生活，同时也带来诸如金融风险、网络犯罪和网络意识形态风险。网络正在成为境内外敌对势力颠覆渗透、策动破坏行动的突破口，恐怖主义、金融风险等正在上升为一个影响基层社会稳定和繁荣的高危因素。

基层治理的老问题与新挑战普遍具有综合性、系统性、复杂性的特征。这些问题和挑战并不是县域统筹的基层治理所能解决的，迫切需要提高统筹层级，实现全域治理。下面我将介绍现行的几种方案与我的评价。

方案一，主张基层治理现代化就是治理社会，将临时性行政措施固化。在实践操作中，有些地方往往绕过体制机制改革，普遍依靠临时性行政措施，把过渡性措施固化下来。这不仅增加了基层压力和负担，而且给基层治理带来假象和乱象。

方案二，主张基层治理就是社会自治，就是提高社会内生能力。但是现实中我国社会内生能力相对脆弱，这种方案无法在社会治理中发挥应有的作用。

方案三，主张基层治理就是乡镇（街道）、村庄（社区）的治理。在中国的行政区划当中，基层是县（县级市或区）、乡（镇）、村3个层级，中层是地级市，高层是中央政府，但是如果仅仅把基层治理视为乡镇和村庄的治理，那可能就会陷入了死循环，所有的责任都压给乡镇，让乡镇自己消化。因此，仅仅把基层治理视为乡镇治理、村社治理，问题无法解决。

方案四，主张基层治理就是技术治理。数字化技术在越来越多的领域得到应用，但是我们发现数字化多被应用于监管。仅仅依靠监管保障基层不出事，这是短视的做法，无法实现确保基层的长期有效治理。

二、全域治理：基层治理现代化的新方案

基层治理到底需要什么样的治理？我们提出一种新的概念：全域治理。即在更高层级推动和统筹下，全面深化多领域协同治理的体制机制改革，打破边界壁垒，强化跨边界的合作治理，提升综合治理能力。全域治理包括3方面的内容。

第一个方面，跨部门、跨层级、跨地区的治理。我们称之为纵向整合，其实就是省市县乡一体，是一体化改革。第二个方面，跨领域治理。这是一种横向整合。第三个方面，需要平等、开放、包容的合作平台和载体，比如说保利物业探索的全域服务就是基层治理的一种协同创新。这是基层治理实现的形式，确保纵向整合与跨领域治理能有效落地，并由此探索形成各具特色的基层治理模式。

基层综合治理能力是全域全要素的生产力在基层治理中的具体体现，类似国家的综合能力。这种综合能力包括且不局限于某一层级或政府部门的能力、社会的内生能力，以及由这些能力按某种方式组合形成的合力。全域综合治理能力包括由地方经济实力、政府能力、科技水平等构成的硬实力，也包括由国家的信念体系、价值体系与社会文化体系等构成的软实力。全域综合治理能力是理念体系、制度体系、平台载体与技术创新协同推动地区全要素聚变而产生的巨大生产力。

三、打破壁垒，统筹谋划全域治理

面向未来的全域治理，旨在打造一个简约、高效的政府，营造一个多元开放、和谐有序、充满活力的基层社会，形成自我平衡的良性生态循环系统。怎么来实现这个目标，在这里简单提3个思路。

第一，统筹谋划全域社会治理体系。有序扩大基层治理体系的涵盖面，从社会治安、打击犯罪、公共安全逐步向生态环保、食品药品安全、金融风险、新型犯罪、交通以及重点民生项目等领域扩展和动态调整。面向未来的全域治理重点应该放在都市，需要高度重视大城市、特大城市和超大城市的基层治理。与此相比，在县域社会治理的基础上，全域治理需要提高统筹层级，打破行政区划壁垒，从县级统筹逐步提高到设区的市、大城市、特大城市、超大城市以及都市圈的统筹，顶层设计与基层探索的科学衔接。

第二，协同推进基层治理创新的塔式结构。全域治理依然需要基层探索，不同地区应该根据各自面临的实际问题和治理创新程度，采取差异化创新战略。避免创新的趋同性和同质性，鼓励创新走在前列的地方采取塔尖创新战略，鼓励创新刚起步的地方采取应用型创新战略。逐步形成基层治理创新的塔式结构和全域治理的良性创新生态圈，既让创新走在前列的地方不走回头路，继续领跑；也让创新刚起步的地方走深走实。

第三，多轮驱动打造综合性治理平台和载体，提高全域治理能力。全域治理迫切需要从单轮驱动向双轮驱动、多轮驱动转变。当前的全域治理需要从单个领域、单一主体的创新向"技术+体制"和"技术+社会"的双轮驱动转变，面向未来的全域治理则需要"体制+技术+社会+X"的多轮协同驱动创新。全域治理应该聚焦于将分散的创新平台重组成互联互通的综合性创新平台，把区域全要素转化为全域综合治理能力。

政社协同 四能智聚
——"美丽镇域"南浔模式

演讲人：郭楼儿（中共南浔镇党委副书记）

南浔是个古镇，历史悠久，文化厚重。作为运河聚落，南浔因水设市，因河而兴，因丝而名。如今的南浔镇，常住人口15.3万人，下辖32个行政村、8个社区，先后荣获"全国文明镇""国家卫生镇""中国历史文化名镇"等称号。南浔镇的古韵今风、中西合璧和兼容并包，不仅是南浔人民世代珍惜的宝贵财富，更是活态传承的南浔灵魂，也见证了人与自然和谐相处的美丽中国在南浔的印记。

站在历史的舞台上，作为"绿水青山就是金山银山"理论诞生地的一员，我们在思考如何乘势而上。有人说过，中国的乡镇问题特殊，美丽在农村，烂在乡镇。2018年，湖州发布新一轮城市规划，提出了打造"六个城市"，其中"美丽宜居"城市成为美丽实践迭代升级的关键所在。南浔镇党委、政府第一时间按照成为"重要窗口"的示范样本，当好践行"绿水青山就是金山银山"理念样板地、"模范生"的要求，探索启动"美丽镇域"建设，提出在"水晶晶"南浔看见美丽湖州，并形成改革创新有效举措，切实提高南浔人民群众获得感。

我们思考的第一个问题，要推进"美丽镇域"建设，什么是关键？我们认为关键在人，关键在推进基层治理现代化。因此，我们开始寻求"美丽镇域""美丽南浔"的"最大公约数"。在基层治理中，一直有一句话：变量不等于体量，也不等于增量，更不等于质量。在"三治融合"的基础上，如何插上科技赋能的翅膀，解决新问题、新矛盾，飞出"基层智治"的一片广阔天地，成为我们的突破重点。我们认为，在"美丽镇域"推进智慧治理过程中，科技变量的应用，必须在数据融合的基础上，产生各种社会领域的管理数据池，再针对管理数据最大限度地智能挖掘有效价值，形成精准治理的"数据质量"，最终才能转变为"治理增量"，达到"智治"的状态。在这里，我们认为有几个"对"：适销对路、数据对头、平台对位和结果对应。适销对路是人与设备的互助问题，数据对头是数据与数据的融合问题，平台对位是职能与系统的定位问题，结果对应是评价与闭环的导向问题。

我们思考的第二个问题，就是智能、智慧和智治之间的问题。智能是一种科学技术，智慧是一种场景应用，而智治是一种新型治理生态。智慧化，似乎一直以来更突出科技应用的主导性为重，但智治还是不能忽略人的主导性。因此，回归到人与科技的合一，才是最佳的、最好的状态。于是，我们开始同步实践"三个万"。在助推精准智治的基础上，提出了万物智联、万事治联与万人心联。在这里，万物智联是技术基础，核心就是online，设备online、人员online、业务online。万事治联是状态，核心在over，就是要把事情办结、矛盾化解。万人心联是目标，核心在our，就是"我们"，人在一起，心在一起。

讲到新型治理生态，就绕不过形成科学生态的4要素：阳光、空气、水和土壤。而"美丽镇域"在智慧治理中也一直在思考一个问题，能够推进"美丽镇域"智慧治理的4要素在哪里？我们从政社协同的角度找到了政府职能、企业技能、群众动能、社会势能的4种能量，我们要做的事情就是把这4股能量最大限度地集聚。

在政社协同基础上，要最大限度实现4种能量有效聚集、精准聚焦，要走数据化、智慧化、实战化的路径，才能达到治理效率最大化和治理效益最大化。因此，我们开始探索"政府职能、企业技能、群众动能与社会势能"的"四能智聚"模式。在今天的大会上，也想向在座的各位前辈和各位乡镇领导，汇报南浔"美丽镇域"的"123456南浔模式"。

一条主线：在"水晶晶"南浔看见美丽湖州，在湖州看见美丽中国。

两大融合：依托万物智联，擎起数据大融合。依托万事治联，创新政社大融合。

三美目标：精细管理让南浔大地更美丽，精准治理让人民生活更美好。

四能智聚：政府职能、企业技能、群众动能和社会势能。这里我要延伸说一下，现在我们在乡镇政府的工作中，大量的工作采取了第三方服务外包的形式，而这些外包服务的企业已经成为我们的"手"和"脚"。

五个协同：协同指挥、协同监管、协同处置、协同服务、协同治理。

六度闭环：创新度、精准度、协同度、效能度、满意度、美誉度。创新度，讲的是对于智慧化的创新度；精准度，讲的是数据融合的精准度；协同度，讲的是政府职能部门间、政府与企业间的协同；效能度，讲的是我们在政府职能履职和企业技能履职以及动员群众动能中的效能；满意度最终还是要交给我们的人民群众；美誉度则是我们真正追求的"美丽镇域"的最高目标。

在"美丽镇域"的"123456南浔模式"推行中，我们创新实践了许多载体，今天也向大家汇报其中的几个具体实践项目。

首先，我们集约化打造的南浔镇"美丽镇域"智慧治理中心。南浔镇"美丽镇域"智慧治理平台有800多平方米，236人集中入驻，集成服务。其中包括了南浔镇街道办、城管、公安、物业公司、环卫公司。在这个中心，我们搭建了"城市精细化管理中心、垃圾分类精准治理中心、镇域环卫一体化中心"等有关城市能级智慧治理的关键模块，并开放了"N+"的未来赋能模式。中心采取"政企协同，实体入驻、科技赋能、智慧运转、全域管理"的模式，更类似于公安局的合成作战指挥中心和大部门大警种制，把"客人"变成"自家人"。我们通过联席会议，每周商议问题，每周解决矛盾，把问题解决在前端，把矛盾解决在前端，以最大限度集约有效资源，以最快速度回应社情民意，以最大力度推进前端执法保障，让中心真正成为推进"美丽镇域"智慧建设的乡镇智慧微脑。中心运转以来，涉及城市能级的"12345"政府阳光热线量大幅下降近80%，村社群众满意度大幅提升。南浔镇也荣获"全市城市精细化管理先进集体"称号，获市委、市政府表彰。

有了乡镇智慧微脑，我们还对群众的各类民意诉求进行分析研判和搜集归纳。南浔镇党委、政府紧扣影响群众幸福感和获得感的老旧设施破损、毁绿停车等问题，举一反三，以点带面，找准"美丽镇域"建设抓手，全面推出"十美细胞"创建活动，即美丽社区、美丽街区、美丽企业、美丽市场、美丽公园，等等。同时，我们在制度上还创新相关的举措，向区委、区政府争取支持，建章立制，创新深化"乡镇吹哨、部门报到"制度，实行属地牵头负责与区级部门"同创同责"，确保创建取得实效，确保不会互相推诿。

在美丽小区的创建中，我们通过深入思考和调研，推出了"四个一"，叫"政府补一点，群众筹一点，物业出一点，社会助一点"。在美丽小区的建设中，经费问题长期是横亘在乡镇街道面前的第一大问题。通过"四个一"，我们有效推进了美丽小区的建设。举个例子，在美丽小区的建设中，一个重要的消防问题就是电瓶车拉线充电。我们争取了央企中民建设的支持，在南浔镇投入1600多万元，为美丽小区免费建设了充电桩，从1元充4小时延长到1元充6小时，有效地引导了广大居民既实惠又安全地充电。

在美丽小区的创建中，浔溪秀城是一个典型案例。它原本是南浔第一批开发的住宅小区，由于开发早，基础配套设施较差，所有的城市病、社区病在这个小区都有。我们以这个小区为试点，打造基础设施完善美、园林绿化形态美、环境卫生整洁美、车辆秩序停放美、建设装修管控美、文明养犬行为美、红色楼宇引领美、志愿服务爱心美、物业管理服务美、左邻右舍友善美的"十美"目标，同步配套推出了结合南浔人文历史文化的建筑场景、交通场景、智慧场景、邻里场景、文化场景、健康场景、休闲场景、教育场景、环卫场景和生态场景的10个场景提升方案，受到了老百姓的欢迎。

在政府职能的聚能上，我们也做了一些尝试，那就是推出了"城警特派员"制度。基层社会治理一手软，一手硬，对群众要软，对治理要硬。在多次对公安和城管执法队员调研的过程中，他们讲到面对量大面广的执法任务，只有化解在前端才是王道。因此，我们南浔镇推出了"城警特派员"制度，在公安队员中选调优秀的警员，纳入社区的整体自治。公安担任社区村社的副书记，执法队伍担任书记助理，真正让他们一个班子、一条心、一股劲，让我们的城警特派员活跃在村社治理的"前端"。

随着"美丽镇域"智慧治理的推进，越来越多的群众和社会组织也加入"美丽战队"中，社会各界对于"美丽镇域"建设的态度，慢慢从"观众"向"运动员"转变。"红色"楼道长、垃圾分类"云视员"、美丽小区"大管家"等一大批志愿者队伍应运而生。目前，在南浔镇已经超2500多人依托手机终端的小程序，与智慧治理中心无线连接、无缝对接，开启了百姓指尖参与智慧治理的新篇章。

最后，我们也深信"美丽镇域"就是美丽经济，美丽经济才有美好未来！欢迎大家有机会来到千年古镇"水晶晶"南浔做客，来感受这座充满故事的古韵今风未来城。

如何提升社会治理精细化水平

圆桌主持

张丙宣　浙江工商大学公共管理学院副教授

圆桌嘉宾

郭楼儿　中共南浔镇党委副书记

靳　勤　保利物业股份有限公司副总经理、保利城市建设服务有限公司董事长

张丙宣：下午的圆桌对话，把政府、企业方、研究者三方聚集在一块儿，共同探讨基层社会治理的问题。

今年论坛的主题是"镇通人和，美丽中国"，下面有请郭楼儿书记先谈谈他对基层社会治理改革的思考。

郭楼儿：南浔镇地处浙江东北部，东部与上海和江苏接壤，浔商也一直活跃在世界各地，是通江达海、连接世界的桥头堡。因此，我们一直在思考如何实现南浔镇基层社会治理的现代化，思考基层治理现代化的真正含义是什么。

在我们看来，基层治理现代化主要有3个方面：一是人的思想的现代化。以引导基层治理向多元化善治方向发展，建立起美丽中国基层治理所需要的社会基础。二是人的行为的现代化。只有当人们的行为符合现代公民道德规范，遵从普遍的行为规范，体现出更加现代化的行为模式，才能建设更加美好的现代化乡镇社会。三是智慧科技应用的现代化。通过科学数据的跨界融合和科学技术的跨界应用，才能打造出智慧化社会治理中心，为基层社会治理提供更好的支持服务。

张丙宣：接下来，有请保利物业的靳勤副总经理，我们来听听他对于全域治理是怎样考虑的？

靳勤：保利物业在嘉善所探索的全域化治理模式，在天凝镇得到很好推广和实践。进入天凝后，公司总部组建了一个全域化治理的研究中心。从2018年至今，我们不断探索、改进，最终形成了公共服务产品"镇兴中国"5G+产品服务包。即以"网格化""智慧化""一体化""定制化"和"一站式"服务，全面提升城镇治理效能。新冠肺炎疫情暴发后，我们邀请各类专家和学者共同探讨，结合各乡镇的调研和实践，提出了配合政府快速有效地解决问题，为政府的产业发展政策落地提供支持和支撑，让领导、群众和工作团队更加有信心、有追求的目标、方向和准则。我们还不断加强信息化的投入，到今年，我们整个的智慧化平台、智慧化运用，包括手机APP平台，以及整个镇区和城市的智慧管理系统已经成型，开始发挥其功能作用。

就像刚才郭书记所讲的，要改变模式，勇于创新。保利物业将积极落实习近平总书记"坚持以人民为中心的发展思想"，更加精细地服务人民群众，助力政府功能发挥，为领导分忧解难，不断创新治理模式，为实现美丽中国贡献保利物业人的一份微薄力量！

张丙宣：创新是艰辛的过程，保利物业在全域化治理方面迈出了勇敢的一步，成了"吃螃蟹"的先行者，这些基础性改革成果对供需双方起到了很好的推动作用。

接下来，请各位专家探讨改革中需要注意的问题。请郭楼儿书记开个头。

郭楼儿：前期在南浔镇的社会治理中，我们特别重视以下3个方面。

第一个方面，城市大脑和乡镇微脑的关系问题。城市大脑的指令往往不支持智慧平台的工作，此种情况下，拥有微脑的乡镇往往会更具活力。南浔镇领导给了灵活的政策，鼓励乡镇微脑的探索创新，这表明大家认可拥有微脑的乡镇是推进基层社会治理现代化的重要力量和基础。

第二个方面，万物智联和万事智联孰重孰轻的问题。技术不能替代人的主观能动性。真正的应用层是人。所以有没有把老百姓的问题解决好，才是考量我们这个万物智联的方向，以及评价搭载的平台、使用的系统是否有效、是否对路的关键指标。

第三个方面，人的主导性和科技的主导性契合问题。个性化问题的解决将是乡镇微脑最大的特色。所以我们要解决人和科技之间的个性化差异，最终达到合二为一的契合状态，这是我们最近在推进基层社会治理中一直在思考的问题。

张丙宣：下面，请靳勤副总经理来谈谈。刚才您提到保利物业精细精准的全域治理模式，是否找到了一种可以快速拓展城镇全域治理模式的应用空间的思路？下面请您来谈谈城镇全域治理的创造性方案。

靳勤：不敢说创造性方案，应该说是保利物业能够依托各个城镇的特点和需求，为其打造量身定制独特的方案。为什么保利物业能够做成这件事？我们最核心要素：一是思想，二是专业，三是人才，四是执行力，最后才是我们的数字赋能。

第一，从思想上、从政治上，保利具有先天的优势。我举个例子，很多人都在讲人才问题，保利物业是怎么解决的？根据基层治理对公共服务的需要，保利物业总部近期招聘了10名"985""211"高校社工专业的研究生，对公共服务开展深入研究。此外，为保证政府公共服务业务的专业性，满足科学决策咨询服务和专业技术支持服务需要，保利物业正与上海财经大学等知名高校合作建立公共服务智库，旨在为镇长、书记、市长等提供高端研究和交流平台。

第二，执行。在论坛结束后，我们为大家安排了4个观察点的调研：一是看我们的展厅，二是参观锡东新城的网格化指挥中心，三是参观我们馆里的现状，四是看我们服务的物理中心。大家可以在观察点调研我们的实践行动，相信会给大家带来一些启示。

张丙宣：刚刚，靳总介绍了保利物业为什么"敢吃第一只螃蟹"。下面，把时间交给在座的各位，大家可以向嘉宾们提问。

来宾提问：请教郭楼儿书记，南浔为什么选择保利物业开展合作？另外，南浔的垃圾分类工作有什么有效策略？

郭楼儿：南浔镇的垃圾分类一直是社会基层治理的难题和痛点。为了解决这个问题，我们投入了大量的人力、物力和财力，成立了专门的垃圾分类办公室。

第一个问题，为什么选择和保利物业合作？保利物业和我们接洽时，谈的是基层社会治理，他们已经在西塘实践了一种"一员多责，全域治理"的理念，他们的物业人员不仅是保安员角色，还帮助店主提供服务、救助落水游客，甚至参与救灾。

第二个问题，为了解决垃圾分类问题，我们提出了"六化、六分"的策略。这源于保利物业有很强的党建组织，有许多退伍军人，党性强、讲规矩。南浔镇垃圾分类的第一个标段与保利物业合作，取得良好效果后，才推行"六化、六分"策略。

未来，政企协同将是我们解决各种社会治理问题的有力支撑。

来宾提问：请教靳勤副总经理，保利物业作为一家央企物业，在介入街区、村级社区的社会治理中，如何理解和体现央企的社会责任？

靳勤：企业的责任与政府工作的责任虽有差异，但央企在任何危机和困难面前都应率先挺身而出，承担其社会责任。

讲一个小故事，新冠肺炎疫情暴发之后，我们服务的天凝镇发现了一例病例，当时快过年了，人手短缺。在这样的情况下，所有人员取消休假，基层员工全力配合政府做好抗疫工作。我们实行在线值班制，全国调拨物资，支援政府抗疫。最紧张时，口罩等防疫物资短缺，我们在全国调拨物资，保障需要。在危难时刻或重大任务面前，我们马上安排，立即执行，全体员工齐心协力，众志成城，取得抗疫胜利。

央企的社会责任在平常只能体现在日常工作的一点一滴中，尽职尽责地做好每一份工作。但是在危难的时候，更能显示出责任担当的央企本色。

来宾提问：我们古田是著名的5A级景区，每年的游客量是300万至500万，同时也给乡镇带来了比较大的压力。我想请问靳勤副总经理，像我们这种财政收入相对比较薄弱的乡镇，怎么跟保利物业合作呢？

另外，我刚才在听郭书记分享的时候，提到了"乡镇吹哨，部门报到"的机制。作为基层干部，我想让郭书记分享更多工作机制建设的经验，以及在推行全域治理过程中的有效保障机制、初期遇到的困难和瓶颈问题。

靳勤：我先来回答第一个问题。如果你愿意，我们可以因地制宜，根据不同的情况提供不同的解决方案。只要你愿意，一定有合作的空间和机会。

郭楼儿：古田乡镇的发展，面临"小马拉大车"的困境，需要有保障机制创新来解决问题。我们提出了"乡镇吹哨，部门报到"的协同机制，可以通过区政府、市政府等部门的支持和资源分配，促进乡镇的可持续发展，对你们应该有一定的借鉴意义。

首先是"乡镇吹哨"。我们提出"吹哨"和"报到"这两个比较形象的动作。"乡镇吹哨"就是我们有需要的时候，请你帮忙，向你求助，我们求救的方式就是"吹哨"。我们有联系单、联系函制度，甚至还有区城管委的交办单制度，从体制机制上把它流转起来，让乡镇的"哨"吹出去，让乡镇的"哨"知道吹给谁。

其次是"部门报到"。"部门报到"有明确制度规范，我们的"哨"吹出去，部门得有反应。乡镇发展是区域发展的基础，因此，我们提出了"镇域经济"的概念，其发展已成为区域经济的重要动力。现在，越来越多的职能下放到乡镇，目标就是推动镇域经济的发展。我认为，这背后是领导考虑到要将镇域经济置于现代发展的风口，赋予你们更大的自主权。但是区政府部门不能"放权大吉"，乡镇有求"吹哨"，部门就应立刻"报到"，帮助乡镇解决他们解决不了的问题。

因此，我们想到了区镇"同责同创"的问题。要做强"美丽镇域"经济，区镇是共同目标。因为我们镇没了，区就没了；区没了，自然我们整个"美丽镇域"经济就发展不起来。因此，我们提出和住建局、执法局、工商局等区政府有关部门的关系应当是"同责同创"的关系。虽然，区政府部门很多的权限都下放了，但区镇共同发展责任还在。

所以我在此向在座的各位领导呼吁：推广"乡镇吹哨，部门报到""同责同创"的做法经验。这也应该是我们乡镇解决"小马拉大车"

过程中要遵循的最重要的原则与要求。

张丙宣：结合各位嘉宾对基层社会治理的讨论，我做个简单的总结。

第一，要有人。在基层治理领导者心里要有人，要把人放在最中心的位置。

第二，要有序。我们的社会治理中，社会秩序是非常重要的基础。

第三，要有力。一个是活力，基层要有活力；另一个是力量，不仅仅是政府、企业等单方面的力量，更多是整体合力。

第四，要有温度。保利物业的服务，就充分体现了温度。

第五，要有限度。我们的治理不是包办一切，更不是说政府或企业全部都包揽过来。

总之，我们要齐心协力，共同打造一个有温度、有韧性、有活力、有秩序的社会。

写在后面的话

2020年是特殊的一年，国家"十四五"战略规划发布，大中城市和小城镇的协调发展，也体现在了"十四五"发展规划中。

在新冠肺炎疫情防控期间举办的镇长论坛，同样也开始关注公共服务空间的治理，从"点上治理"走向"全域治理"。全域治理，从宏观角度来说，要实现大中城市和小城镇的协调发展，要实现城市和乡村的协调发展，要实现城市新社区与老旧小区的协调发展。从微观角度来看，全域服务需要打破空间的边界、治理责任的壁垒，有效整合政府机构以及多元化社会主体的力量，为全域化空间提供一体化治理、一体化服务，凸显社会治理、公共服务作为"软基建"的重要价值。

2020年镇长论坛所广泛讨论的"协调发展理念"和"全域服务理念"，既是对当下基层社会治理创新探索的呼应，又是对过往基层社会治理模式不断演进的总结。

第 **4** 季

全芯全域　善治善城

第四届镇长论坛

论坛时间：2023年6月9日

论坛地点：广东省广州市保利洲际酒店

论坛主题：全芯全域　善治善城

指导单位：广东省广州市人民政府

主办单位：国家发展和改革委员会国际合作中心

广东省广州市海珠区人民政府

上海财经大学

保利发展控股集团股份有限公司

承办单位：广东财经大学

长三角与长江经济带发展研究院

保利物业服务股份有限公司

支持单位：广东省广州市城市管理和综合执法局

党的二十大提出，高质量发展是全面建设社会主义现代化国家的首要任务，要以中国式现代化全面推进中华民族伟大复兴，不断健全社会治理体系，提升社会治理效能，建设人人有责、人人尽责、人人享有的社会治理共同体。

从长三角到粤港澳大湾区，社会治理创新在全域范围内蝶变生长。作为粤港澳大湾区发展的排头兵，广州率先创新探索全域服务治理模式，镇街全域服务治理试点工作已初见成效，"广州经验"已备受关注。广州城市治理在数字化治理、全域化治理方面进行了一系列的实践探索，不仅为大城市治理现代化提供经验，也为小城镇的治理创新提供参考。

第四届镇长论坛在广州市海珠区举办，主题为"全芯全域，善治善城"，旨在推动大城市与小城镇在基层社会治理实践创新领域中的互动交流。论坛聚焦"中国式现代化"和"高质量发展"，从政策解读、行业分析、学术研究、基层实践等方面，全面、系统地解读基层社会治理新路径、新模式，共同探讨社会治理破局新思路。

论坛当天，超过400名各级政府主官及学界、业界代表出席了会议。在论坛的现场调研环节，与会嘉宾走进广州海珠市的社区、街区、景区，从超大城市全域服务协同治理创新中收获启发与借鉴。

实地调研

作为论坛的延续，本次论坛向来自全国各地的各界领导与专家学者们展现了城市焕新范例、世界级滨水城市客厅和国际重要湿地的美好风貌。在琶洲新村，展示了曾为全国首个由企业主导的城中村改造项目，如今已成为城市有机更新范例的"琶洲模式"；在滨水城市客厅——广州塔区域展示了政企党建联建、城市智慧治理、精细化治理、应急处突等基层社会治理成效；在国际生态湿地——海珠湿地公园展示了景区治理与服务的实践范例。

加快建设共建共治共享的 社会治理共同体

演讲人： 胡增印（中央政法委政法研究所原所长）

党的十八大以来，以习近平同志为核心的党中央高度重视社会治理，从党和国家的全局和战略高度作出了一系列重大决策部署，推动形成了中国特色社会主义社会治理体系。党的十八届三中全会提出创新社会治理体制，改进社会治理方式，激发社会治理活力，提高社会治理水平。这是在我们党正式的文件中第一次提出社会治理的概念，标志着我国社会建设理论和实践达到了一个新的高度。党的十八届四中全会提出推进多层次、多领域的依法治理，强调系统治理、依法治理、综合治理、源头治理。党的十九大报告强调，要加强和创新社会治理，对打造共建共治共享的社会治理格局作出专门部署。党的二十大报告强调，要健全共建共治共享的社会治理制度，提升社会治理的效能。

今年是全面贯彻党的二十大精神的开局之年，是实施"十四五"规划承前启后的关键一年。从社会治理的视角来看，今年又是毛泽东同志批示学习推广"枫桥经验"60周年，习近平总书记指示坚持和发展"枫桥经验"20周年。在这个重要的时间节点，加大对新时代"枫桥经验"的实践研究，对于推动基层社会治理更具有时代意义、实践意义和理论意义。今天，我着重从坚持和发展新时代"枫桥经验"，加快推进社会治理共同体的建设方面谈一点思考。

一是基层社会治理的党建引领要进一步强化。坚持党的领导是中国特

127

色社会主义制度的最本质特征，基层社会治理离不开党的领导。党的二十大报告指出，推进以党建引领基层治理，持续整顿软弱涣散基层党组织，把基层党组织建设成为有效实现党的领导的坚强战斗堡垒。在党委领导、政府负责、社会协同、公众参与、法治保障"五位一体"的社会治理体系中，党委领导是根本。要完善党全面领导基层治理的制度，推进党建引领基层治理。60年来，浙江枫桥镇的党组织就是通过政治引领、组织引领，组织群众、引导群众、服务群众，把党组织的触角延伸到社会治理的方方面面，实现党委领导下的政府治理和社会调节、居民自治的良性互动，可以说党建引领是"枫桥经验"的根本。

党建引领，体现在政治引领、思想引领、组织引领。政治引领就是要在基层党组织的领导下坚持政治原则，把握基层治理的政治方向，确保基层社会治理沿着正确的方向前进。思想引领就是要教育引导基层党员干部，用党的创新理论武装头脑，把学习贯彻习近平新时代中国特色社会主义思想放在首位，紧密结合基层社会治理的需要，把党的主张变成人民群众的自觉行动。组织引领就是要通过基层党组织、党的干部和广大党员，组织和带领人民群众共同推进社会治理，强化党群联动、干群联动，把党的领导体现在基层治理的最末梢。

二是基层社会治理的共同体意识要进一步强化。共同体意识，是系统观念在基层社会治理的集中体现。党的二十大报告明确提出要建设社会治理共同体，社会治理是一个系统工程。习近平总书记指出："治理和管理一字之差，体现的是系统治理、依法治理、源头治理、综合施策。"社会治理的科学性首先体现为系统性，特别对于基层来说，社会治理系统性强了，才能有效提升社会治理的效能。2015年5月，习近平总书记在浙江调研时指出，社会建设要以共建共享为基本原则，在体制机制、制度政策上系统谋划。在主体选择上，共同体意识要求我们牢牢树立多元共治的理念，不断完善党委领导、政府服务、社会协同、公众参与、法治保障的社会治理体制。当前，推进基层社会治理重在社会协同，资源整合及党政力量和社会力量、市场力量的协同发力，同向发力，不断提高社会治理的社会化水平。在治理目标上，共同体意识要求我们努力实现人人有责、人人尽责、人人享有的社会治理格局，要完善协作配合机制，形成社会治理的整体合力。在建设思路上，共同体意识要求我们进一步加大对区县、街道（乡镇）和社区（村）三级，实现无障碍、无盲点的纵向协同力度，进一步组织动员更多的社会力量有序有效参与到基层治理中，打造一个共建共治共享的社会治理格局。

三是基层社会治理要在"为民宗旨、服务为要"的导向上进一步强化。为政之道，在于安民。2014年3月5日，习近平总书记在参加十二届全国人大二次会议的上海代表团审议时指出："加强和创新社会治理，关键是体制创新，核心是人，只有人人和谐相处，社会才能安定有序。""枫桥经验"的价值核心，就是为了群众、依靠群众、服务群众。要坚持一切为了人民，社会治理根在基层、重在基层，基层治理的任务就是要牢牢把握贯彻和践行一切为了人民这样一个根本宗旨，要坚持一切依靠人民。人民群众是历史的创造者，也是基层社会治理的实践者、参与者，必须把基层社会治理变成亿万人民群众共同参与的伟大生动实践，坚持和发展新时代"枫桥经验"，不能仅仅依靠党委和政府的"自拉自唱"，而是要把群众充分动员起来、发动起来，不断塑造和培养基层社会治理的内生动力。

要坚持为人民服务的导向。治理之所以能够超越管理，就在于它不是控制、不是服从，而是服务，要推动服务群众的资源和平台下沉，解决服务群众的"最后一公里"，精准精细服务群众的诉求，为群众提供更多的普惠政策和便捷高效的服务。

四是基层社会治理的法治化水平要进一步强化。法治化是新时代"枫桥经验"内涵中必不可少的内容，新时代"枫桥经验"之所以"新"，一个突出的特征就是强调依法治理。习近平总书记指出，要善于运用法治思维和法治方式解决涉及群众切身利益的矛盾和问题。社会治理现代化必然要求坚持依法治理，加强法治保障，运用法治思维和法治方式来化解社会矛盾，研究完善矛盾纠纷化解的路线图和平台机制建设、信息系统建设，推进矛盾信访化解和信访工作的法治化。要加强法治社会的基础建设，法治社会是规则治理的社会，既要坚持以法律规范为遵循，也要发挥社会规范的作用。在加快完善社会规范的同时，我们需要坚持以法治思维和法治方式，破解治理难题，形成办事依法、遇事找法、解决问题用法、化解矛盾靠法的良好法治环境。依法治理不是法越多越好、法网越密越好，而是要秩序和活力并重。

五是基层社会治理的数字治理要进一步强化。现代信息技术的迅速发展，给社会治理结构和社会治理秩序带来了机遇也带来了挑战。一方面，物联网、大数据、人工智能等新一代信息技术在矛盾化解、社会治安、社会应急、公共安全等社会治理的应用方面有着巨大的潜力，可以增强社会活力、提升社会服务。另一方面，在社会的信息化条件下，人们的思维方式、行为方式都发生了深刻变化，社会主体在虚、实空间切换，增大了基层社会治理的难度。在现代化的场景下，只有通过科技赋能、技术化、智能化才能有效提升基层社会治理的效益。所以说，基层社会治理没有信息化、数字化就不可能实现现代化。推进基层治理的数字化，需要重点关注以下3个方面。

1. 要以数字化手段提升基层治理效能。提升基层社会治理要着力推动基层治理与科技赋能的深度融合。要统筹推进信息化治理的基础设施、系统化平台的建设和应用，完善街道、乡镇、社区（村）的地理信息等基础数据，建立基层治理数据库，加强基层信息化应用能力水平，建设上下贯通、横向互联的一体化信息系统和综合指挥平台。要加大对参与基层治理的干部、群众特别是网格员群体的信息化应用能力培训的指导力度，提升其专业化水平。

2. 要依靠数字治理重构社会风险防控体系。要坚持把精细化、标准化、常态化的理念贯穿于公共安全的工作全过程，推动公共安全工作与网络信息技术的高度融合。要善于利用数字化手段感知社会态势，畅通沟通渠道，创新公共安全防范的手段和管理模式，使预警更加科学，防控更加有效，依法打击更加精准。

3. 要依法治理网络空间。网络空间是现实生活的延伸，网络空间不是法外之地，网络空间的法治化是法治社会的自然延续，应当推动社会治理从现实社会向网络空间延伸。

推进共建共治共享的社会治理共同体建设，必须坚定不移走中国特色社会主义的社会治理之路，着力推进社会治理的系统化、科学化、法治化和智能化，为人民安居乐业、社会安定有序、国家长治久安作贡献。

主题演讲实录

网格化管理模式与数字化转型

演讲人：仇保兴（国际欧亚科学院院士、住房和城乡建设部原副部长）

今天，我和大家一起讨论的，是网格化管理模式和数字化转型。

一、"网格化管理"为何能在全国推行？

网络化管理源于新加坡的精细化管理，后被北京东城区引进。2005年7月18日，住建部在北京东城区召开了"数字化城市管理现场会"。当时我有一个讲话，对网格化管理做了比较全面的总结。之后，网格化管理就在全国开始推行。网格化管理势不可当，越来越普及。这种新的管理模式，为什么能够存在、发展，并不断精细化？其实就是两个字：管用。

管用之一：管理方式从粗放的管理转向精确的管理。我们传统的管理是不精确的。第一，空间、定位不精确。每一件事情发生在哪里是模糊的。第二，发生的时间不精确。什么时候发生？什么时候结束？我们搞不清楚。第三，处理责任的主体归属不精确。谁处理？处理的结果怎么样？也搞不清楚。

要解决这个问题，我们可以从中国古代文化中获得启发。古代有一种治理模式叫九宫格，来源于大禹治水。传说大禹的父亲鲧治水失败被杀，然后由大禹接着治水。大禹把天下分成9个方格，在每个方格里分析洪水形成的原因，以及河流与山川、城镇、耕地的关系，经过合理规划后成功完成治水大业。

　　九宫格可以被视为一种早期的网格化管理。现代城市是一个由诸多要素交织而成的动态管理系统，借用九宫格的模式，我们可以化繁为简，降低治理的难度并实现精确化治理。

　　管用之二：管理模式从传统的开环转向现代的闭环。传统的管理模式有3个强、3个弱。动员的时候很强，开动员大会上万人；落实的时候却非常弱，导致虎头蛇尾。领导布置工作时很积极；执行时却层层弱化，到了基层就是"脚踩西瓜皮，滑到哪里算哪里"。善于提出管理口号；但口号提出后，没有人反馈最终落实的情况。传统管理模式之所以产生3强3弱，是因为具体的城市管理环节没有形成闭环。现在，我们完全可以通过数字化来实现闭环。首先是对问题的感知，对每一个网格进行分层。城市既有部件，也有事件。部件就是行道树、窨井盖、消防栓这些公共品，事件就是乱搭乱建、聚众斗殴、小偷小摸等。事件、部件都可以标准化，预先通过GIS技术变成空间数据，这样感知起来非常容易。其次就是运算。这些部件一旦受到破坏，马上进行运算，明确应由哪个单位负责处理并自动派单。再次是执行，即相关单位处理问题。然后马上启动反馈，网格员到现场检查处理结果，并上报感知系统。从感知、运算、执行、反馈再到感知，形成一个完整的闭环，使得一切马虎和偷懒都无所遁形。

　　管用之三：管理过程从静态转向动态。传统的管理模式、激励模式是单一的、随意的。领导重视，这件事情就能够布置下去；领导要是不重视，没有批示、没有动员、没有检查，下面就"和稀泥"了。网格化管理是把年终的"评"变成随时的"评"，把领导的"评"变成群众的"评"，把政府的"评"变成现场的"评"。比如城市的窨井盖管理涉及30多个部门，过去窨井盖破损导致市民受伤后，从新闻媒体报道到领导批示，再到确认责任主体和开始修补，时间需要1个月甚至更长。现在这些窨井盖都实现了数字化管理，哪一个网格的窨井盖破了，网格员最快在数分钟内就能发现，之后拍照传到感知系统。计算机一比对，确认这是自来水公司的窨井盖，就会自动派单到自来水公司，自来水公司立即到现场处理。同时系统会定期生成一个排名，哪些单位的窨井盖从损坏到补上所花的平均时间最短，哪些单位所花的平均时间最长，一目了然。如此，为人民服务也可以量化。随着名单的公布，相关单位自然会高度关注，并采取就近租用仓库存放窨井盖等措施，保证在最短时间内修补损坏的窨井盖。从此以后，这个城市所有的窨井盖一旦损坏，在15分钟之内都能补上，这就是从过去静态响应变成动态响应，而且是快速的动态化精细响应。

在网格里面，无论发生了什么事件，无论哪个部件损坏，网格员第一时间就能感知，历经上报、指派、处理，最后由网格员反馈检查。有些小事网格员可以随手处理随手报告，记在自己的功劳本上。共享自行车倒了，网格员随手扶起来。哪一个网格内共享自行车排得比较整齐，给予网格员一定的奖励。上面有协同指挥中心，下面有网格员联系人民群众，负责具体事项。管理系统"顶天立地"，所以才有街道、乡村一"吹哨"，部门就知道。天上有"云"——云计算；中间有网——所有老百姓掌上智能手机都可以感知；地上有网格——小事不出网格就能办，网格员自己就能办理。大事不出镇，随时知道，随时处理，将难事、急事、大事解决在萌芽状态。

管用之四：管理思维从分散转向综合。政府机构很多，过去难办的事都推脱不办，好的事争着办。基层没有办法监管，上面不知道，下面管不了。现在，网格化管理将执法单位"一网打尽"，网格就是"天罗地网"，可以评价每一个单位服务是否到位，是否用心。基层监管难由此转变为事项公开、人人都可以管理。网格化管理使群众监督管理者，促进管理者不断精细化。有了网格化、信息化，人民可以方便监督所有的政府部门，促进政府部门提高为人民服务的质量。

这样一来，我们就进入智慧城市。智慧城市是针对城市病的"综合疗法"；精细化网格化管理平台是智慧城市的"物理平台"，是政府提供的重要公共品；"网格化+"管理模式是一种典型的技术创新和体制机制创新精密结合的模式，是能够落地的智慧城市解决方案。一个核心，把所有的东西都组合在一起，这是一个易操作的管理式改革。

二、网格化管理在新冠肺炎疫情阻击战中的作用

网格化管理是抗击新冠肺炎疫情中最有用的手段。在整合资源、精细排查、人员管控、机制保障等领域，网格都发挥了巨大的作用。武汉的网格化管理在初筛、转诊、分级诊疗等环节都得到运用，与"健康宝"相结

合，定位到每一栋楼座、每一个单元空间和每一个人。

我们看到，网格化管理带来了很多变化：以政府提供智慧城市基础平台公共品的形式带动社会创新；打通"末端治理"，基于复杂适应系统理论，从城市整体系统的高度研究和解决"城市病"；强调"三融五跨"，从流程驱动转向数据驱动。

三、网格化管理与智慧城市

网格化管理最主要的基础性部件包括"四梁八柱"。

"四梁"：一是网格化精细化管理平台；二是一网通办"放管服"信息系统；三是城市安全核心公共品——城市安全、网络安全、防灾减灾的管控；四是公共资源信息化平台——将空间资源、信息数据资源整合统一管理。

"八柱"：包括智慧安保、智慧环保、智慧水务、智慧交通、智慧园林绿化、智慧公共医疗、智慧公共教育、智慧能源8根"柱子"。

这就是整个智慧城市的"四梁八柱"，然后由运算中心统一起来。

这个顶层设计可以实现精细化管理、全面感知、互联互通和广泛协同。网格化把一个网格内所有的业务纳入网格，网格员一个人可以联系很多职能部门，成为很多职能部门的通讯员、反馈员。每一个人都是管理闭环的参与者，让有大数据分析支撑的治理走向深度智能。

这种管理模式花钱少、见效快，且能让群众满意。后续的工作是把标准加以完善，先制定地方标准、行业标准，再制定国家标准。同时，我们也需要对每一个地方的"网格化管理+政府数字化"进行评估，通过评估找出毛病，不断深化、改良。

历经15年的实践，网格化管理已相当普遍，但各地实践进展不一，成效差别很大。抗击新冠肺炎疫情期间，各地的网格化管理都经历了压力测试，并在压力测试中进行创新。网格化管理自身也面临5G时代和人工智能应用的深度数字化转型，要用更新、更便宜、更有效的技术，通过智慧城管网格化管理升级模式，不断找出城市治理的短板，不断丰富我们为人民群众服务的内容，让人民群众更满意。

提高市域社会治理能力的基点与路径

演讲人：范恒山（经济学家，国家发展和改革委员会原副秘书长）

近些年来，在国家推进和完善社会治理体系的总体部署中，市域社会治理被提升到重要的位置。在党的十九届四中全会提出的要求的基础上，党的二十大报告进一步强调："加快推进市域社会治理现代化，提高市域社会治理能力。"市域治理的提法较新，国家有关部门正推动试点，制定了《全国市域社会治理现代化试点工作指引》。这是一项具有探索性和创造性的工作，应在深入认识市域特点及其地位的基础上，沿着正确的方向，寻找实施强有力市域社会治理的有效途径。

一、市域的特点及其在社会治理中的重要地位

市域是相对县域而言的，通常指城市行政管辖的全部地域。我国城市具有不同的行政等级，这种等级主要依其在全国或区域中的政治、经济地位而确定。中华人民共和国成立之后，基于不同时期的环境特点和发展需要，在城镇化不断推进、城市数量稳步增长的同时，城市行政层次也有一些调整变化，形成了较为复杂的行政等级关系。目前主要存在正省级、副省级、正地级、正县级4个行政等级，部分地方还存在少量的省属副地级城市。这些城市分别对一定地域范围的经济社会活动行使着行政权力。

我国市域既具有国际上的一些共同特点，也存在与国情相关的鲜明的特征，主要包括以下6点。

1. 行政中心一般都位于城市的中心，而城市的中心往往是全国或一定区域的政治、经济、文化、科技中心。

2. 除了中心城市，往往还存在其他一些人口数量不等的、规模不同的城市；行政层级较高的城市，其市域呈现出大中小城市组合的空间格局。

3. 市域内并非都是城区，一般都包含一定范围的农村，市域、县域交融并存；在多数情况下，农村人口多于城市人口。

4. 城市是优化资源要素的集中承载地，人口、产业等呈现持续向城市流动的状态。

5. 因行政、经济地位等的不同，各城市对人口、产业等的吸引力存在着明显的差异。

6. 各城市对周边区域产生着一定的影响和辐射带动能力，其程度取决于该城市的政治地位、综合实力和发展潜能。

基于社会治理角度审视，由这些特点可以得出2点认识：

1. 市域社会治理地位重要。市域聚合了改革与发展、公平与效率、安全与稳定、城乡与区域等一系列重大关系，是社会矛盾、疑难问题、各类风险的主要承载体与滋生地，其治理能力在很大程度上决定着国家的治理能力，治理状况代表着整个国家的治理水平。市域治则区域兴、社会安、国家宁。

2. 实施市域社会治理优势明显。市域是宏观与微观的转承点，是城市和农村的结合体。实施市域社会治理有利于统筹协调，追根溯源，以整体思维、集成方式从根本上解决问题；市域行政资源丰富，行政体系完备，是社会治理构架中的中坚力量，实施市域社会治理有利于形成高效联动、上下贯通的矛盾化解和风险防控链条；市域综合条件良好，资源统筹余地较大，实施市域社会治理回旋空间宽广，有利于开展多途径处置复杂问题的探索试验，把实施应急处置与打造长效机制有机结合起来。

比之县域治理，市域治理对象更加复杂，问题更加典型，场景更加丰富；同时空间尺度更加合适，运作手段更加多样。因此，有必要把市域治理放到更加突出的位置，并通过优化市域治理带动县域治理乃至整个社会治理，加速提升国家现代化治理水平。

二、市域社会治理的目标取向

市域社会治理的直接任务是防控化解各类矛盾风险，但防控化解矛盾不能只限于就事论事、简单行事，要把市域社会治理置于推进生产力发展，满足人民日益增长的美好生活需要的总目标之下。在今天，是要使市域治理适应时代的要求，为全面建成中国特色社会主义现代化强国服务。因此，市域社会治理不能为治而治，要基于发展的目标确定工作基点和价值取向。从这一认识基点出发，市域社会治理要着眼于如下3个关键词，把握操作内容与推进方式。

1. 安。即维护政治安全、保障社会安定、庇佑人民安宁、实现生活安康。主要指：有力防范敌对势力渗透、破坏、颠覆、分裂活动，严防发生暴恐活动；强化社会治安整体防控，依法严惩各类违法犯罪行为；更好发挥调解、仲裁、行政复议、诉讼等方式化解矛盾作用，畅通普通人群诉求表达、利益协调、权益保障的渠道；强化重点行业、领域安全监管，全面防控化解公共安全风险；健全信息网络法制，实现网络清朗健康；加强预研预判和制定预案，前移风险防控与转化关口。

2. 悦。即不断增强人民群众的获得感和幸福感。把人民高不高兴、满不满意作为市域社会治理的出发点和落脚点，把绝大部分人的"关心不关心，反对不反对"作为具体治理措施取舍的第一尺度；排除把治理简单等同于"整顿"或"对着干"的思维，变治理为服务，以"治理"为手段，扎实开展"为群众办实事"实践活动，着力解决人民群众急难愁盼的突出问题；变"百姓观治"为"百姓参治"，充分发挥人民群众参与社会治理的积极性和创造性，强化城乡社区群众的自我管理、自我服务、自我教育、自我监督的能力建设，在能动中达到自觉，通过自律带动互律，接受他律，建设人人有责、人人尽责、人人享有的社会治理共同体。

3. 进。即保障和推动经济社会持续发展进步。把促进经济社会发展、推进现代化建设作为社会治理的核心使命，不以"不许"或"禁止"代替治理，不把"封""堵""关"作为常态化举措和基本的做法，不将"不干事"或"不让干事"作为确保"不出事"的手段；实现发展与安全的有机协调，把发展状况作为评价社会治理成效及方式优劣的关键标准。

对于市域治理来说，"安""悦""进"既是目标取向，也是基本要求。坚持这个导向，市域社会治理就能创新展开，不断推进现代化进程。

三、加快推进市域治理现代化的基本举措

围绕"安""悦""进"推进社会治理，要求在实际工作中开拓宽广视野，秉持系统思维，实行协同联动，在深、精、细、实、特、快上下功夫。我认为努力方向包括如下5点。

1. 营造宽松友善的社会环境。自律是形成良好社会治理体系的坚实基础，而积极向上的社会环境是推动自律形成并不断强化的重要前提。要以公平公正为核心导向，完善制度、体制、政策和政府服务，让一切要素活力竞相迸发，让一切创造社会财富的源泉充分涌流，鼓励广大人民群众形成高度自觉，积极参与社会治理。

2. 分级分层压实治理责任。华而不实的形式主义和大而化之的粗放式操作是社会矛盾外溢变异、各种风险滋生爆发的主要原因，而这种做法在不少地区都普遍存在。完整的市域行政管理层级本是实施有效治理的优越条件，但这样的做法也为相互推诿、虚与委蛇提供了可乘之机。因此，应清晰划分各级政府和各部门职责，细化工作要求，并健全监管体系和奖惩机制，通过事项分解、责任实化，构建主管市县部门牵头、相关部门紧密配合的治理机制，促进各项工作抓深抓细抓实，有效解决欺上瞒下、弄虚作假和"整治一阵风、事过依然松"等问题。

3. 推进城乡统筹、市县协同。一方面，在对经济社会各重要领域进行一体规划、一体建设的基础上，一体打造市县社会治理体系，做到规则一致、机制贯通、措施协同，不留死角；另一方面，充分考虑市县特点和城乡区别，用好各自有利条件，实现相互支撑、优势互补、不断丰富社会治理手段，扩大矛盾风险排解的运作平台与回旋空间。

4. 强化先进科技手段赋能。结合智能化综合性数字信息基础设施建设，建立基于大数据、人工智能、区块链等新技术的社会问题辨识体系和重大风险监测、预警机制；深化"互联网+政府服务"，强化政府数字化治理能力建设，不断提升行政服务与社会治理的精准性、协调性、及时性和有效性；加强智能化执法办案能力建设，全面提升行政执法的质量与效能。

5.发挥社会力量作用。从内容上看，市域社会治理不只是管控和打击，建设与服务也应是题中之义；从主体看，光靠政府单打独斗难以有效解决纷繁复杂的社会矛盾与问题，更无法满足千差万别、诉求不一的人民日益增长的美好生活需要。因此，要在优化政府治理体系与能力的同时，充分发挥社会力量的作用，构建党领导下多方参与、共同治理、充满活力的城乡社区治理体系。特别要重视发挥专业团队的作用，鼓励和支持专业队伍、专门机构运用市场机制，深入城区、街道、乡村进行各具特色的精细治理、服务和建设，为构建美好的市域和县域贡献力量。专业力量介入既能降低治理成本，又能提高运作效率，还能及时满足多样化的需求，可谓一举多得，应大力促进与推动。

城市更新与空间治理

演讲人：唐亚林（复旦大学国际关系与公共事务学院教授、大都市治理研究中心主任）

在国务院2014年10月29日发布的《国务院关于调整城市规模划分标准的通知》中，增加了"超大城市"这一类型，也就是说城区常住人口1000万以上的城市从特大城市类型中被单划出来，增设为超大城市这一新类型。城市分类标准有一个很重要的变化，就是把人口属性划分标准从"户籍人口"变成了"城区常住人口"。我们今后在从事基层管理和社区治理时，需要将城市外来常住人口纳入治理的范畴。

我在上海读书和工作多年，有个深刻的体会。以前上海人一讲上海发展问题，动不动就是对标纽约、伦敦、巴黎、东京这4个国际大都市。这实际上是有问题的。我们如今强调要建设社会主义现代化国际大都市，上海不是要成为跟在伦敦、纽约、巴黎、东京之后的第5个国际大都市，而是中国的上海、世界的上海，是世界上独一无二的国际大都市。根据测算，伦敦、纽约、巴黎的人口密度也才每平方千米1.2万人，而上海和北京，每平方千米达到了2.3万人。人口密度和人口规模，实际上制约了城市发展的模式。在20世纪80年代的上海中心城区，曾经有过人口密度达每平方千米五六万人的高密度状况。人口密度问题很重要，以往我们通常忽视它，今后所有的基本公共服务的配套都需要按照常住人口密度状况来进行配置。

一、超大城市的基本特征

城市的发展，特别是超大城市的出现，对城市治理提出了更高要求。

超大城市的基本特征，有以下几点：一是大规模性、高风险性。人口众多，需求多样化，服务压力巨大。像上海、北京、广州的地铁客运量每天都是上千万人次，一旦发生重大安全事故，那就不得了。这种由高人流量所带来的高风险性，让城市主官始终把安全问题放在心头的第一位，不敢掉以轻心，甚至为此经常睡不好觉。二是高流动性。超大城市既是人流、资金流、信息流、交通流、物流等集散地，也是创造财富之地。三是技术性。物联网、大数据、云计算、区块链、人工智能等现代信息通信技术（ICT），通过端网云一体化方式，产生了诸如城市大脑、城市运行管理中心、社区云、社区通等应用场景。技术赋能城市治理、技术创造应用场景是未来城市社会的发展方向。四是超大城市的无根性特征。人们在城市里很难找到自己的归属感，超大城市社会变成了"本地人"与"异乡人"聚集的"二元社会"，也变成了"心无所寄、心无所安"的无根化社会。在超大、特大城市里，除了原来的城里人和乡下人之分，还有本地人和外地人之别，形成了一个新的城市二元结构。我们在传统的回不去的"乡愁"之上，又增添了一个挥不去的"城愁"了。

二、城市发展阶段的战略主题变迁

第一，简单来说，我们传统的城市发展方式就是"摊大饼式"的增长模式。"摊大饼式"增长模式如何理解？我总结为3个词：卖土地、造新城、盖楼房。现在，我们要走向集约式高质量发展。上海最早提出了3大标准：经济高质量发展、政府高效能治理以及社会高品质生活。我认为还要增加一大标准，即"高心安秩序"。人们来到城市是为了更美好的生活，能够安心地居住在这里。这种"高心安秩序"是中国人自古以来"安土重迁"的一种新表达。

第二，城市建设与管理经过了一系列发展阶段。城市发展刚开始是重建设，后来是建设与管理并重，如今走向了治理与服务并重的新阶段。由此引发了城市发展任务的根本性转型，即从城市有机体建设到城市生命体建设，再到城市文明体建设的革命性变革。这种情况，对城市发展现代化与城市治理现代化提出了更高的要求。因为城市发展现代化成为国家现代化建设的重要引擎和主导道路，城市治理现代化成为国家治理现代化的重要组成部分和新型发展平台。

在城市发展现代化与城市治理现代化发展的今天，更要重视以城市更新与社区营造为重点的城市精细化治理。保利物业的创新就是把原来城市建设的主题从建设与管理并重导向了治理和服务并重这个新主题之上。

第三，城市发展的新任务，就是塑造新型动力机制。我们要以新的视角看待城市，城市是当代中国乃至人类社会发展的主要战场、主要动力乃至新型的文明体。这就意味着我们要把城市治理作为城市发展的动力，要把城市现代化发展作为中国特色社会主义现代化的主动力。当把这个问题考虑清楚之后，我们会发现两个动力机制问题：一是社会主义国家超大城市、特大城市、中心城市、中小城市的现代化发展是社会主义现代化建设的主要动力；二是由"人民城市人民建、人民城市为人民"的善治所推动的城市治理现代化，则构成一个城市发展的动力机制。

关于城市精细化治理问题，我曾经画过一幅分析框架图。

实际上，城市管理就两块内容：专业化管理和综合性管理，一个是从纵向上看，一个是从横向上看。从纵向专业化管理看，城市精细化治理的领域主要包括市政管理、环境管理、交通管理、规划管理和应急管理5大领域。从横向综合性管理看，城市精细化治理的领域主要包括城市街道综合管理与社区自治两大领域。

随着城市治理进程的推进，尤其是技术赋能进程的加快，通过构建城市网格化综合管理平台、政务服务一体化平台以及区域化党建服务平台这3大城市精细化治理的平台载体，以技术赋能的方式把城市专业化管理和综合性管理连通起来，推进3大体制改革进程——城管综合执法体制改革、市场综合监管体制改革与社会治安综合体制改革，形成现代城市治理的5大秩序——城市空间秩序、环境秩序、交通秩序、安全秩序与服务秩序，并通过技术治理与末端治理的方式，将管理、服务和秩序有机地融合在一起，由此形成"用'服务'肩挑'管理'与'秩序'格局"。

此外，在城市精细化治理的综合服务平台构建方面，重点是推进网络化综合服务平台的清单化、标准化、制度化、法治化进程，推进行政服务

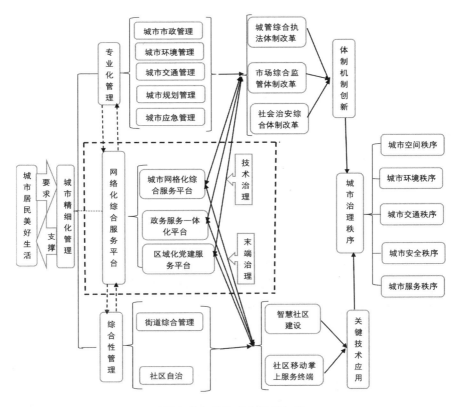

城市精细化治理分析框架图

中心、行政审批中心、社区事务受理中心等政府服务一体化平台的流程化、清单化、智慧化、制度化、法治化进程，推进区域化党建服务平台的阵地化、联动化、共建化、共治化、智慧化进程。

三、城市更新的内涵、类型与模式

城市更新到今天已经到了一个关口，有很多城市的小区和街道因为老旧残破或者不能满足居民新的生活需求，面临着更新改造的问题。

1. 内涵。城市治理就是十大要素的组合，即权力在一定的空间范围内通过规划和情感（规划治理、情感治理）的纽带，把人、组织、事情、技术、资源（平台）与价值这些要素进行重组的过程。凡是符合在一定地域空间里将上述几大要素乃至全部要素进行重组、重构的过程，都可称之为城市更新，或者切口小一些，叫社区营造。

如果下一个定义，所谓城市更新就是对城市空间所承载的各类活动进行重组、再造的过程，尤其是对不适应城市发展阶段、主题与任务的内容、形态与功能进行重组和再造的过程。比如，你在镇里面做镇长，在镇域范围内的各种场景下，这些要素可能组合成这种模式或者那种模式。当把这种基于要素组合的发展模式的实质弄清楚后，再通过把阶段性目标、任务、内容、形态，尤其是相应的机制给做好，符合当地特色的发展模式就可以建构起来了。

城市更新从本质上来说，就是城市治理十大要素的重组过程，这种城市治理要素的再组合过程，构成了城市空间治理的内容体系。空间治理的重点内容和方向主要包括：一是以地平线空间（地面空间）为中轴，实现地面空间、地下空间与立体空间的一体化建设；二是以数字化治理平台为载体，实现实体空间、虚体空间与服务空间的嵌套组合；三是以生产、生活、生态为主线，实现生产、生活、生存、生态、生命"五生共同体"的一体化建构。

2. 类型。乡村振兴有五大振兴：产业振兴、人才振兴、文化振兴、生态振兴、组织振兴。城市也需要振兴，实际上城市更新也面临着产业、空间、规划、基础设施、组织、文化、人才、生态这八大更新要求。尤其是在城市里，要注意更大范围内的更新内容联动问题。比如在基础设施更新层面，还涉及公共服务设施空间规模布局与资源配置的优化问题。这就带来了新的问题：第一个问题是需不需要突破原有的社区或者街镇范围的行政边界而进行更大空间范围的规模布局；第二个问题是公共服务覆盖的对象是不是要超越户籍人口限制而惠及所有常住人口。

3. 模式。在我的一位朋友王振亮担任上海市松江区规划局局长期间，松江新城从蓝图变成了现实。他总结了城镇更新应重点关注的几个问题：一是城市扩大了，市政道路拓宽等引出的旧区改造问题；二是政府机构搬迁进入新区，旧址的改造问题；三是危房旧棚区改造，民生工程的迫切性问题；四是历史文化风貌街区的保护与更新问题；五是零星老工业厂房的改造、保护、更新问题；六是早期工业园区的更新改造问题；七是城中村的改造问题；八是不成套公房的改造和改制企业厂房的改造更新问题。

四、空间生产、空间治理与城市更新

城市理论在不断发展，尤其是习近平总书记在上海提出的"人民城市人民建，人民城市为人民"重大理念，是城市理论上一个巨大的飞跃和很大的创新。城市本来是和乡村一起成为集居的聚落形态，到后来变成了经济增长的机器。

城市未来走向是什么？到目前为止，西方关于城市发展的理论更多是集中于基于土地、资本、信息、技术、人力等生产要素与权力的结合，形成了城市发展领域以经济增长为导向的"增长联盟"与"增长机器"理论范式。

城市更新背后的空间治理重心是什么？我认为包括3方面：一是消除城市病。像雄安新区建设，就是朝着消除城市病这个目标而去的。但我们现有城市的规模建构起来后，城市病实际是难以根除的，只不过是将其危害降到最低程度。二是因应如今时代的数字化转型与发展的需要，重点是建构数字发展生态平台与数字治理生态系统，为即将来临的"智化世界"做探索和准备。三是建构"五生共同体"。这里面的"五生"，不仅指传统的"生产、生活、生态"，还要加入两个"生"，即"生存"和"生命"，因为如今数字化生存已经成为人们活着的一种普遍形式，而"三生"也好，"四生"也好，都需要落脚到"生命"这一终极目标与关怀之上。

我特别强调要关注"生存"和"生命"这"二生"问题。为什么？进入数字化时代，一个人从出生到死亡，从理论上讲，可以在一个房间里面完成，因为医生可以上门服务，教育可以网上进行，工作可以通过直播，以及通过内容生产方式来实现，甚至人的交友与择偶也可通过网络而完成。因此，当人的生存方式由于数字化时代的来临而发生了根本性转变之时，我们要重新理解城市的发展问题，它不仅关涉生产、生活和生态的问题，而且要回归到生存和生命这些基础性问题以及这些问题的结合问题。

未来的城市治理是城市更新与空间治理的有机结合，重点应放在打造服务应用的新场景之上，如上海的口袋公园、成都的城市公园、广州的全域服务治理场景建构等，都是我们未来城市治理的努力方向。

目前，各种虚实嵌套的空间已经密布在我们的身边和周围，由此而衍生的大量服务应用场景建设，需要我们去把握。应用场景的再造，是未来所有城市更新中空间治理，尤其是乡镇空间治理的主要任务。像活力街区、口袋公园、未来公园、未来社区都是我们未来的发展方向。

实际上，我们讲的城市治理，或者说今天的镇长论坛主题，都是看到了城市已成为中国特色社会主义现代化建设或中国式现代化的主动力、主战场这一根本问题。因此，我们需要走出一条新型的中国特色城市发展道路。

主题演讲实录

聚焦制高点，构建示范区，形成能量场

——全域治理的保利探索和实践

演讲人： 吴兰玉（保利物业服务股份有限公司党委书记、董事长）

为赶赴一场迟到3年的约定，第四届镇长论坛如期召开。这是一次治理现代化的共议盛会。党的二十大报告指出，高质量发展是全面建设社会主义现代化国家的首要任务。如何有效推进城市治理体系和治理能力现代化，是在座各位和我们的共同议题。这也是一次思考与实践的大融合的峰会。3年时间，我们进一步从城镇走向城市，从景区走向街区，一个个服务标杆项目在全国落位，我们对协同社会基层治理的思考与实践，也在持续向前。

全域服务的力量从一个景区点亮一片镇区，从一张名片辐射整个城区，从一个个样板形成的一批案例，绘制出了一张高质量发展的递进式全域服务的全景蓝图。用15个字概括，就是"聚焦制高点，构建示范区，形成能量场"。

这是我们3年的实践，更是我们3年的思考。在上一届论坛上，我们抛出关于物业行业本质的"三问"，现在看来，当时提出的物业将成为国家战略"软基建"的观点，已经成为社会共识。这一届论坛，我们也尝试再次用实践，来回答物业协同基层社会治理的"新三问"。

一、第一问：基层社会治理，如何找准破题点？

过去3年的新冠肺炎疫情防控大考和当下高质量发展的命题，都是基于基层社会治理提出了新的要求。在物业企业纷纷加速融入社会基层治理的过程中，我们也看到了趋势和阶段的变化。

从企业实践看，有的强调将住宅服务经验整体向城市服务迁移，实现"像管理小区一样管理城市"；有的强调发挥垂直产业优势，集中资源，聚焦如环卫等单一服务模块；也有的整合产业力量，专注存量资源盘活。总体来看，现有的基层社会服务尝试正在走向精细化、精准化和精益化，呈现出专业化的"微服务"特点。

从政府治理需求看，一方面，要从散点走向综合。要求把分散在不同条线、不同主体、不同点位的职能整合起来，提供"一站式的响应"和"一体化的调度"。另一方面，要从管理走向服务。既要有管理上的硬约束，也要有服务上的软保障。总体来说，基层治理既要全面、又要细微，既要综合、又要专业，既要权威、又要人文，呈现出综合性的大治理趋势。

在需求革新和实践深化的双重影响下，我们认为社会基层治理正从"微服务"迈进"大治理"，呈现以下特点。

治理主体，从单一主体、条块分割、职能失焦，转变为多元主体、参与共建、聚焦主责；治理深度，从被动治理、单点治理、反向治理，转向源头治理、综合治理和重点治理；治理效果，从九龙治水、多头投入、效果分散，转化为资源集中、成本集约、效果集成；治理评价，从单一维度的服务优化和环境改善，转为实现人民群众获得感、幸福感、安全感的"三感"全面提升。

未来，公共服务不只是放大版的物业服务；公共服务的终极战场也绝不会限于一个点、一条线、一个面，它将是治理的全域，全域的治理。

所以，在大治理时代，基层治理的破题之道和解题之要，是要加速推进全域化服务进程。

二、第二问：推进全域化服务，如何选准发力点？

人们对于整体的理解，都是从亮点的部分开始的；人们对于城市的认知，都是从"城市之心"开始的。全域化服务的发力点，我们认为也应该从城市核心着手。

为此，保利物业创新提出"全域飞轮"模式。这一模式，从城市名片治理入手，通过显著提升城市形象，推动改善招营商环境，进而全面增强居民幸福指数和对外来人才吸引力，最终实现全域范围的综合治理提升。

在这一模式中，作为"城市之心"的城市名片，将如何推动飞轮转动？让我们回到最初的3个案例。

在西塘景区，我们让千万游客乘兴而来，尽兴而归；让居民百姓安居乐业；让一座千年水乡古镇更加井然有序、生机勃勃。自保利物业接管后，古镇客流量由2015年的759万递增至1400万，营业收入由1.48亿元增至2.4亿元。在G20峰会期间，西塘代表中国古镇迎来世界宾客，浙江的西塘，成为中国的西塘和世界的西塘。

在广州塔景区，我们从擦亮一张城市名片，到辐射一个行政辖区的综合服务。以广州塔为起点，保利物业进驻了海珠区18条街道中的10条，以全域覆盖之势，有效提升了常态化服务能力和重大事件的响应能力。我们既能在新冠肺炎疫情防控期间服务方舱医院，也能在此后保障"史上最大规模广交会"的顺利举办。法国总统马克龙的一句"谢谢你，广州"，让世界级滨水城市客厅成为中法友谊的见证。广州的海珠，成为世界的焦点。在海珠湿地，我们守护城市生态绿洲，打造人民群众共享的绿色空间。保利物业服务进驻以来，在海珠湿地生活的鸟类增加至187种，并发现2个全球昆虫新物种。广州特色的宫粉紫荆花盛开期间，累计吸引游客超过100万。海珠湿地在2023年入选世界重要湿地名录，从此，这张广州生态名片，变成了世界重要湿地。

每一个城市名片，都是城市形象的代言，是经济活力的缩影，是民生服务的窗口，也都具备着治理要求高、服务对象广、管理难度大的特点。换言之，有擦亮城市名片的能力，就有提升城市全域治理的能力；有城市名片的治理升级，就会牵引城市全域的治理升级。

通过做对一件事，撬动所有事。因此，以先治理带动后治理，以深治理带动浅治理。全域飞轮，从擦亮城市名片着手，是理念先行、模式沉淀的带动，是经验复制、效果共振的带动。它将成为提效全域治理的最佳模式，更是带动全域高质量发展的最佳发力点。

三、第三问：以全域飞轮创新基层社会治理，如何夯实落脚点？

我们认为，以全域飞轮助力基层社会治理，是对国家战略要求的响应，对高质量发展需求的呼应，对行业模式进化的回应；也是物业企业参与基层社会治理的使命所在。

为更好落地全域飞轮，保利物业通过3年实践，不断迭代保利公共服务5G产品，推出了一套全流程、全方位、一体化解决方案——"一芯四法九场景"。

1. "一芯"，是指保利全域芯片。

通过"输入、算法、算力、输出"4个要素组成运算逻辑，解决过去公服产品主要以"数人头"计价、内容非标、品质难控的痛点，实现稳定输出标准+定制的装配式一体化的综合解决方案。

输入——通过盘点城市、城镇、景区基本面，明确政府需求；

算法——经过需求解读，对治理规划、资源匹配、方案定制等进行高效运算，梳理针对性解决措施；

算力——通过智库能力、产品能力、标准能力和工具能力，将需求对应成为每一条管理和服务标准，并将标准与人员配置情况、信息化系统、智慧化工具逐一匹配；

输出——结合上述服务内容，综合输出个性化、一体化的服务方案。

"一芯"的意义，是要求我们必须成为"全域治理的专家级专业团队"，承担全域治理"咨询+执行"的双重职责。

2. "四法"，指的是"加、减、乘、除"这全域服务的4项基本法则。

我们提出的"四法"，是学习贯彻了李强总理的基层治理方法的具体体现，目的是为基层治理激发最大活力。

"加"——密度增加。通过增加业务覆盖密度、扩大服务区域范围，提高每一个治理网格的分辨率，以"网中网"叠加提升管理精度，实现"像素覆盖"。

"减"——减负减压。通过承接各级政府剥离的非核心职能，以"一岗多责"的方式，以网格为最小单位，开展一站式综合治理和服务，让政府更好地聚焦主责主业。

"乘"——乘数效应。以全域服务4支队伍和雷达智慧服务系统为两大抓手，既保障平日运行稳定，在突发事件面前也能一键调动，实现"冗余响应"，放大基层作战能力。

"除"——革除堵点。通过拉通多个部门的职责和协同模式，有效缩短突发事件的响应时效、提升综合事件的处置能力，实现先响应、后组织的流程再造，达到"一链拉通"的治理效果。

3. "九场景"，是指9个美好城市场景。

在保利物业全域飞轮"一芯四法"的作用下，以安全、形象、资产3个维度，从生产、生活、生态3个视角，构建美好城市9个关键场景。

安全升级：包括重大节日保障、重大事件处置、重大活动组织。

形象升级：重在文明城市创建、助力景区升级、城市IP打造。

资产升级：实现闲置资产盘活、城市微改造、老旧小区改造。

从城镇着手，保利物业公共服务的步伐已经走向越来越多的城市。特别是过去的3年，我们经受了重大考验，解决了重难问题，形成了重要经验。在收获各界肯定的同时，深感任重道远。

当前，全社会进入高质量发展阶段，公共服务也从微服务进一步走向大治理。在县域与市域的双视角中，基层治理有着诸多的相通本质，也有大量的个性需求。面对高质量发展的时代命题，我们认为以城市名片推动的全域飞轮，将是基层治理有效开展的高效路径，也是多方书写高质量发展问卷的共同回答。

为此，保利物业也很期待以持续地思考与实践，继续融入基层社会治理，携手更多合作伙伴。以全芯落全域，行善治筑善城。

探索全域服务治理新模式
破解超大城市治理难题

演讲人：尹自永（广东省广州市城市管理和综合执法局党组成员、总工程师）

2022年，广州开始探索全域服务治理新模式，包括保利物业在内的多家服务机构，与我们一起协同推进全域服务治理模式在各个街镇落地。结合广州的实践情况，我和大家分享5个方面的内容。

一、实施意义

广州是一座红色城市，一座务实的城市，市政府关注的是怎么把国家大政方针政策落到实处，怎么能够上下同心把老百姓的事办好。开展全域服务治理工作具有理论和现实意义：一是全面践行党的二十大精神；二是践行习近平生态文明思想；三是践行共建共治共享的城市治理理念；四是推进城市治理体系和治理能力现代化。

二、产生背景

2022年党中央交给广东一个课题：超大城市治理现代化。这个课题最终交给广州市城管和综合执法局具体推进。接到任务之后，我们和市委、市政府相关部门协商，如何从城市治理的实操层面将课题研究成果落到实处？找到小切口，做城市治理的大文章。我们组织政府相关部门有关人员，一起到江浙开展调研，考察、学习长三角基层治理的先进经验。调研之后，经过反复研究，用了1年时间规划方案，征求了3轮社会各个层面的意见，最后形成了《广州推进镇街全域服务治理试点的工作方案》。此项试点目前已列入了市委、市政府的重点工作，从试点抓起，把全域服务治理工作落到实处。在推动试点的过程中，我们把试点单位面临的主要问题罗列出来，既有试点要求，又有问题导向，并逐步将试点工作落到具体执行的单位，最后将街镇作为试点的单元，真正实现政策的"决策人"和"执行人"合二为一。

在治理对象方面，我们瞄准城市管理的难题。一是超大城市治理主体的职责界定不清；二是政府投入很多治理资金，但太分散，发挥不了整体效应；三是城市里大量资源，但面临"有能力把它做好的单位没有管理权限，有管理权限的单位又没有能力做好"的问题；四是城市公共服务发展不平衡、不充分；五是老城市发展的内驱力不足；六是城市环境生活品质低于市民预期。

三、主要内容

一个城市如果没有整体思维、系统思维就难以实现高质量治理，城市治理需要从整体和系统的角度来谋划。调研之后，我们和各个部门磋商，提出了"全域服务治理"的理念。全域服务治理包括全区域、全周期、全要素的内容：全区域就是以镇街为单位，整个镇街一盘棋考虑基层治理，不留死角盲区；全周期是从基层的规划建设管理到后期运营，一定要一体化、从全生命周期去考虑；全要素包括国家发改委明确的公共服务，涉及安全秩序、景观绿化、保洁等。我们讲的治理不仅限于城管领域，只要涉及公共服务、能够由社会提供服务的领域，都是全域服务治理的范围。

全域服务治理的主体是谁？应该由谁做？我们将全域服务治理的主体表述为"政府主导，企业主体"。即政府主导，但政府也要放权。除了行政管理和行政执法之外，其他事权能够社会化的全部予以社会化。参与试点的企业选择的对象不宜太泛，要选一些有责任感的央企、国企，确保参与治理的单位有责任、有能力做好服务工作。我们在试点中选了有服务经验的央企和地方国企，如保利、华润、越秀、珠江等有实力的企业。

在选聘参与试点企业的过程中，街镇也和试点企业充分协商，从哪些方面切入做全域服务治理。我们定了几个原则：一是坚持党建引领，多方共治，引进社会力量，从社会治理体系与能力建设角度切入。二是考虑一个城市的基础性，尤其在街镇一级有很多基础性工作，从创卫、创文等切入，将各项工作结合起来，打造产城融合、职住平衡、文化传承、生态宜居、交通便捷、生活便利的高品质城市环境。三是要把公共服务做好。推动基层治理的关键是推动城市运营、科技产业赋能。城市运营主要是考虑镇街现有的服务很难实现增值和提升公共服务水平，需要在全域范围内实现服务、财务平衡。比如说有些地方公共资源、闲置资源比较多，将管理权让渡给企业，让企业能够盈利造血的同时，提升对居民的服务品质。

另外，我们还提出科技赋能，通过全域服务治理逐步实现市场开放，把以社区、街镇为单位的市场开放给高新科技企业。在具体实践中发现，越是高新技术企业，技术越先进反而应用就越难，主要是因为原有的社会生产关系体系下的基层社区市场空间被落后的技术占有，高新技术很难在社区层面推广。所以，应该通过服务打开这个市场，实现基层产业赋能。一方面，通过高新技术赋予全域服务治理更好的公共服务；另一方面通过公共服务打开市场，让产业能够不断地在开放场景下升级换代。

四、成效亮点

为了推进全域服务治理试点工作，广州市建立了分管市领导牵头的工作调度机制，成立了工作专班，科学选定试点区域，由保利物业牵头成立了广州市城市服务运营协会，并发动广州地区高校公共管理学科专家们参与研究，充分调动智库和社会组织力量共同推进试点工作，努力破解超大城市治理难题，取得了如下成效。

一是治理理念得到认同。全域服务治理模式的主要目标之一就是为街镇一级政府减负，要将政府行政管理和行政执法以外的其他事权交给企业，让企业承担"大管家"角色，成为兜底单位。有企业问，我们去服务，服务年限应该怎么算？我们设立无服务年限限制的制度，以服务质量决定服务年限，也就是说如果企业服务做得好，可以与这座城市、街镇长期共生共荣。这样，有助于保证服务的连续性和公共服务新产品的开发。

二是党建引领更加凸显。保利物业的党建工作做得很扎实，许多领域都是共产党员先上，走到哪里先把党支部建起来，全心全意为人民服务这一块做得相当好。全域服务治理坚持党建引领，坚决贯彻党的决策，将部分不属于政府行政职责的行为转化成经济行为、民生行为，这样一来就把部分社会事务，通过社会化手段管起来，实现全心全意为人民服务的目标。现在各级人大代表、政协委员都关注全域服务治理试点工作的开展情况，许多重点建议提案内容涉及全域服务治理。

三是治理效能有所提升。在试点过程中，参与试点的区域与试点企业结合基层实际，因地制宜推进工作，探索出许多符合当地实际的工作举措，在实现为基层政府降本减负的同时，也明显提升了治理效能。比如说海珠区广州塔景区的治理效果，确实非常明显。

四是民生问题逐步破解。广州有很多旧楼要加装电梯，推进较难，因为住低层的业主不愿意出钱。这项工作交给全域服务治理企业，问题很快得到有效解决。企业通过做大蛋糕，增进各方利益，化解矛盾纠纷，而不是简单地进行利益分割与博弈，这样就能协调好各种利益关系。另外，城市里有些公共天台容易出现违法搭建的问题，交给全域服务治理的企业做，就可以动用社会力量将公共天台变成公共城市客厅或者城市公共资源，解决了长期困扰城市治理的难题。

五是城市服务运营有新探索。在城市治理实践中增值服务可能出现无序状态，推进全域服务治理可以使增值服务控制在可控范围内。如针对城市电动车和自行车管理这一治理难题，全域服务治理企业在试点区域推进充电桩、停车棚等新基建的过程中，将管理做得比较有序。有了专门的服务主体，对空间利用就会从规划、设计的整体角度考虑。

五、未来愿景

广州未来的愿景是建设包容性城市。不管是本地人还是外地人，都能够在广州体面生活，能够在广州找到自己的尊严，找到自己的发展空间。在建设包容性城市过程中，我们计划以公共服务为核心，从城市管理的5个维度来打造未来城市。

一是城市管理队伍的转型。现在城管队伍执法权已经下放到街镇一级，城市管理的模块化越来越清晰，但系统性还不够。今后，将把城市管理队伍切实转型为以服务为核心的管家型服务队伍。

二是数字化转型。广州的数字化转型计划以产业为基础,通过发布智慧城市和数字化转型愿景,创造出"虚拟市长"管理一座城市。通过数字化转型,将未来城市大量的事务性工作交由"虚拟市长"实现治理。

三是实现科技创新。把广州城市管理作为改革试验田,从城市管理领域的科技创新揭榜挂帅、先行先试,再到成立城市服务运营相关产业联盟,推动城市管理切实建立在科技创新的基础之上。

四是推动基层政府进一步减负增效。把全域服务治理模式变成街镇政府的助手,"解放"街镇领导,真正辅助基层政府发展一个区域的经济,提升基层治理效能。

五是持续推进城市管理研究和社会组织建设。利用社会中介组织、志愿者组织,同时把高校相关专业领域的教师和研究人员组织起来成立城市管理研究联盟和城市管理专家智库。通过这些社会组织的参与,推动全域服务治理模式在共建共治共享的路上走得更远。

总的来说,广州的全域服务治理在近一年的试点过程中,得到了广州市各试点街镇的大力支持,得到了保利物业以及其他试点企业的大力支持。广州市委、市政府决心推出更多的试点街镇参与这项工作,希望再用两三年时间,能够把全域服务治理提升到一个新层次,为广州这座超大城市治理体系和治理能力现代化作出新的贡献。

如何用绣花功夫讲好城市名片故事

圆桌主持

张学良　上海财经大学城市与区域科学学院院长、上海财经大学长三角与
　　　　长江经济带发展研究院执行院长

圆桌嘉宾

李　然　广东省江门市蓬江区白沙街道党工委书记

张海斌　浙江省嘉兴市嘉善县嘉善经济技术开发区（惠民街道）党委副书
　　　　记，嘉善西塘旅游休闲度假区管委会原副主任

蔡　莹　广东省广州市海珠区湿地保护管理办公室主任

姚玉成　保利物业服务股份有限公司总经理

　　张学良： 2023年，旅游业迎来强劲复苏。在高质量发展的时代背景下，智慧旅游、文化旅游等全新主张不断涌现。旅游业也在迈向高质量发展，对景区的治理与服务提出了新的更高要求。在景区的精细化治理中展现绣花功夫，以高品质的服务提升游客体验指数，让景区治理和服务也成为景区的一道道人文风景。高水平的景区治理与服务，不仅让景区品牌更响亮，也让城市名片更为闪亮。2023年以来，旅游业呈现报复性的反弹增长，做好景区的文章需要更多的赋能。接下来，我们与各位嘉宾讨论的主题是"如何用绣花功夫讲好城市名片故事"。

　　第一个问题抛给江门市蓬江区白沙街道党工委书记李然，相信许多与会者都看过《狂飙》。《狂飙》播出之后，白沙街道成了打卡地，想问一问李书记，如此大的新增客流量，对于白沙街道的社会治理、城市服务提出了一些什么样的新要求？

李然：《狂飙》的热播给我们江门，特别是白沙这个主要取景地带来3个很大的变化：一是人流量剧增。2月以来累计有300万游客到访，其中"五一"假期每天的游客量高达4万余人次。二是车流量剧增。根据中央电视台CCTV1《今晚关注》、百度地图大数据预测显示，今年"五一"期间江门的车辆累计净流入城市排名位列全国第三名。三是业态剧增。大家都知道，《狂飙》中的猪脚面是江门本地的名小吃。从2月以来，长堤历史文化街区各类猪脚面餐饮店一下子增加20多家，奶茶、咖啡等小店也蓬勃生长。

根据以上3种变化，我们在市域社会治理方面采取了以下5个方面措施：一是消除老旧房屋安全隐患。因为这里是百年老街，有很多老旧房屋，我们统一进行鉴定，对不同程度的危房按照规范进行应急处理。二是对景点街区实施交通管制。对《狂飙》打卡景点，如小灵通店和三十三墟街核心片区进行交通管制，在周末和节假日实施机动车禁行。三是做好消防安全防范工作。因为老街区巷道狭窄，我们在消防方面想了很多办法，包括所有的商铺全部装配灭火器，设置微型消防站和增加消防三轮车等消防设备。四是强化食品安全监管。我们统一和奶茶、咖啡、猪脚面等商铺开会，要求他们一定要合法经营，食材的来源要安全规范，共同打造品牌，保证街区游客的食品安全。五是关注意识形态安全。《狂飙》中涉及对黑社会的描述，众多商家在宣传方面也要注意尺度。同时，我们也加强巡查、管控，及时制止个别与社会主义核心价值观不相符的宣传方式。

张学良：我们将目光从珠三角转移到长三角。大家都知道，西塘古镇是江南六大古镇之一，被誉为"活着的千年古镇"。下面有请嘉善西塘旅游休闲度假区管委会副主任张海斌分享一下你心目中的西塘，请谈谈西塘这张文旅金名片和长三角其他江南小镇有什么区别？

张海斌：西塘和其他的江南古镇都承载着典型的江南水乡文化，但也有自己独特的文化风貌，它与其他江南古镇的不同之处就是以下17个字：春秋的水、唐宋的镇、明清的建筑、现代的人。为什么是这17个字？主要涉及以下3个方面。

一是西塘的历史文化。西塘素有"吴根越角"之称，是古代吴越文化的发祥地。唐宋时期已经形成集镇的雏形，到明清时期已经成为江南地区商业非常发达的街市，目前整个西塘还保存着完好的25万平方米的明清建筑群。景区里2000多米的烟雨长廊、22座历史古桥、122条弄堂，这些古迹与其他历史文化建筑交相辉映，吸引了广大游客来西塘打卡。

二是西塘的传统水乡生活。在保护、开发过程中，我们始终坚持"修旧如旧，以存其真"的原则。在开发旅游项目的时候，每当遇到旅游经济GDP与历史文化DNA发生冲突时，我们会义无反顾选择保护历史文化DNA，把西塘古镇江南水乡的原始风貌保存下来。在保护和开发过程中，我们没有简单地把原居民迁出去，而是统一规划，把古镇打造成水乡传统生活的载体。通过与原居民合作推动西塘诗意般的自然风光、深厚的历史文化以及传统的生活方式三者互融互通、融合发展，培育西塘古镇的传统的"生活气"和"烟火气"。目前西塘核心区（景区内部）依然还有6000余名原居民，他们保留着"日出而作，日落而息"的传统生活方式。

三是西塘的经营模式。到过西塘的人都知道，这里是国内为数不多的"白天景区化管理、晚上社区化管理"的国家5A级景区，形成和谐共赢、相辅相成的经济与社会融合发展的生态体系。在古镇核心区内，原居民既是社区老百姓，更是我们景区里的经营者和管理者。他们经营着600余家不同的民宿、400余家餐饮以及100余家酒吧，为八方游客提供吃、住、行、游、购、娱各领域的一条龙服务。

张学良：我每次去西塘古镇都感觉充满生活气息。守正就是守"烟火气"，就是保护历史文化，这才有不灭的"烟火气"。

海珠湿地被誉为广州的"绿心"，现在这颗"绿心"不仅是广州的，更是国际的。去年10月，海珠湿地成功入选国际重要湿地名录。接下来，请广州市海珠区湿地保护管理办公室主任蔡莹和我们介绍一下海珠湿地的发展情况以及申报国际重要湿地的情况。

蔡莹：我想从海珠湿地的方位和站位两个方面，来介绍一下情况。

一是方位。海珠湿地在广州城市新中轴上，是1100公顷的湿地公园，面积相当于纽约中央公园的3倍，被誉为广州"绿心"，所以"入则自然，出则繁华"是很多人来到海珠湿地的感受。

二是站位。海珠湿地是人与自然共荣共生的经典案例，是向世界展示中国生态文明建设成就的一张名片。它是广州历届党委和政府积极建设的生态项目，保护城市"绿心"所取得的生态成就。在国内层面，海珠湿地作为发起人，于2017年成立了中国国家湿地公园创先联盟，并成为联盟常设秘书处。通过一些交流学习平台，海珠湿地把共治共享的理念传递给全国900多个国家湿地公园，对行业发展起到了引领示范作用。在国际层面，海珠湿地成为我国首个入选世界自然保护联盟绿色名录的国家湿地公园，其后又入选国际重要湿地名录，成为绿色发展的创新示范基地和桥梁纽带。

张学良：接下来我想请问一下保利物业姚玉成总经理，保利物业不仅在服务楼堂馆所方面做了大量工作，在服务景区管理方面也独辟蹊径，开拓了西塘、广州塔、海珠湿地、五台山等景区的公共服务业务。保利物业为什么把景区服务作为重要的业务发展方向？

姚玉成：首先，我和大家汇报一下保利物业在全国的景区服务业务规模情况。我们的景区项目有50多个，包括4个5A级景区和11个4A级景区，遍布全国各地。刚才在座的3位领导讲到的故事，都发生在我们服务的景区项目里。为什么保利物业会把景区业态作为自身所能提供的比较重要的公共服务项目？大家听了3位领导的介绍应该都知道，他们讲起自己的城市景区、街道景区，就和介绍自己家一样，那是为什么？因为它就是城市名片，本身来说也是城市美好形象的代言者、建设成就的缩影、展示文明成果的窗口。我们提起世界各地具有代表性、标志性的景区，如巴黎就会想到埃菲尔铁塔，如纽约就会想到纽约公园。盖洛普前几年开展专门的问卷调查，人们对城市的印象好还是坏取决于什么？调查结果出来后，发现排在第一位的，是你去这座城市旅游以后，对它的主要名胜古迹、景区景点的印象好坏。

保利物业董事长吴兰玉上午做了"聚焦制高点，构建示范区，形成能量场"的主题分享，我们认为广义的景区概念其实就是一个制高点：从全域来说，它会带动整个城市的经济发展，招商引资、人民生活、健康指数等都会在其中有所体现。这就是为什么保利物业把这个业态拓展作为重要的抓手来做的缘由。

张学良：保利物业在城市精细化管理和全域化管理积累了丰富的经验，特别是在西塘景区。想请问张海斌主任，保利物业入驻西塘景区之后，在物业管理、精细化镇域管理方面积累了哪些可复制可推广的经验？

张海斌：在保利物业的协同下，我们探索并总结了一系列的社会治理经验，归纳下来有3个方面。

一是坚持党建引领。所以我们牢牢把握"围绕旅游抓党建，抓好党建促旅游"的主线，把景区的党建融入古镇的保护、旅游开发、秩序管理、原居民以及游客管理服务等各项工作中，践行了"游客在哪里，党员服务就到哪里"的理念。在整个景区内部，我们也打造了游客中心、红茶坊等一系列的党建服务载体，创设了免费爱心保温桶、红色救助站等一系列便民利民、服务游客的举措，串联形成了一道道红色旅游风景线。

二是管理者、保利物业、经营户、原居民4个群体实现了"四方联动"，让古镇内的每一个商户、原居民都成了古镇的经营者、管理者和宣传者。首先，4个群体坚定了一个目标，就是"让西塘古镇更好"。大家还树立了一个思想，就是"同坐一条船、共享旅游红利"。其次，形成了一个协调会商的常态化机制。在景区内，对于开展任何一项经营活动，出台、制定或实施任何一种管理制度，我们都会邀请各个层级的代表进行座谈和商量，在大家统一意见之后才行动。最后，4个群体形成了一种默契，就是分工负责、各司其职。

三是实施了行业自律。因为西塘景区内部主要有4大业态：餐饮、民宿、酒吧、零售。针对餐饮、酒吧、民宿，我们推动成立了相应的协会，引导经营户规范经营，并根据协会的行业特性制定了一系列的管理措施。

张学良：张主任详细介绍了西塘的经验。下面，我们回到广州海珠湿地。请教蔡莹主任，海珠湿地公园有1100公顷，面对这样的一个超大面积的城市湿地公园，我们如何有效管理和服务？

蔡莹：城市的湿地不只是一个生态景观，它更是人与自然和谐共生、为城市提供生态环境服务的一个健康系统。这几年来，我们主要是从协同化、专业化和智能化等角度，处理好湿地保护和合理利用的关系。

一是协同化。湿地是一个生态系统，对内，我们要进行科学规划和合理分区。整个湿地1100公顷，我们以其中12%的面积作为免费的开放区，充当城市公园。大家非常熟悉的海珠湖片区、上涌果树公园片区，就是海珠湿地中发挥城市公园功能的区域，市民群众在这些片区进行上午跑步、下午遛娃、晚上赏景等活动，都是免费的。我们对湿地中24%至27%左右的面积进行了景区式管理，里面配套了电瓶车、游船等旅游服务设施，并收取低价门票，为游客提供有偿服务，以平衡生态保护和持续发展的关系。另外，湿地还有60%以上是生态保育区，作为稳定城市生态环境的区域因素而存在，主要是做一些生物多样性的保护与功能提升，以及野生动物栖息地的保育工作，只对科考和教育研学团队等低密度团队开放。通过这样的科学分区和管理手段，平衡了开发、保护和管理之间的关系。

二是专业化。让专业的人做专业的事，我们引入专业的物业单位进行日常维护和运营等专业服务，导入了更多文旅资源、体验和专业品牌，让我们的管理机构抽身出来，集中精力做好生态保护和行业监管等工作。

三是智慧化的建设。智慧科技除了给游客提供更多智能化的感受之外，还能通过"鸟脸识别"（鸟类多样性监测系统）等应用助力科研监测工作。我们未来会以大数据、人工智能、物联网、云计算等科技手段，赋能整个湿地的管理。

张学良：刚才，3位嘉宾都不约而同提到了物业单位在景区服务方面的很多探索，我想问一下姚总，保利物业在服务景区方面到底有哪些具体优势？

姚玉成：保利物业在景区服务方面有这么几点优势。

第一，我们拥有先进的理念。在很早之前，我们提出"大物业"战略，与上海财经大学公共服务智库团队一起探索全域化服务模式，并与广州市住建局的专家和从事实践工作的政府领导一起探索新模式。在先进理念方面，保利物业本身有红色基因，传承了我党的一些光荣传统，比如"密切联系群众""全心全意为人民服务"。

第二，经过这么多年的探索和积累，我们也形成了系统化的产品模式。今天上午，吴兰玉董事长介绍了"一芯四法九场景"。在具体的服务过程中，经过多年的探索，不断优化产品模型和打法，以服务芯做好全域服务；以科技芯作为内核，进行不同的加减乘除；通过这些措施增加密度、减负，去除冗余的地方、去除堵点，在安全、资产等方面不断升级。

第三，刚才蔡主任讲到智慧化，我们本身也在持续推进公共服务乃至全域服务的智慧化，开发智慧大屏管控系统，以场景化、可视化、体系化的方式，赋能"一网统管"。

第四，这么多年来，我们在服务包括5A级景区等众多景区的过程中，积累了很多的成功经验，也树立了一些服务标杆。

第五，是我们的员工队伍，我认为这是我们最大的优势。全国4万多人的队伍继承了保利的优秀文化传统，将保利文化融入一线的服务行动中。因为保利有军队的基因，我们是有家国情怀的，我们是忠诚可靠的，我们是有战士作风的，这样的文化和内核，将化为一线服务的显著特色和强大动力。

我想用一两分钟简单介绍一个昨天听到的小故事。有机构投资者去湿地公园做调研，碰到一个很年轻的小姑娘，问："你是什么学历？"小姑娘说："我本科学历，是做湿地景区介绍的。"机构投资者说："有点屈才了，你的青春就在这里度过吗？"小姑娘的回答是："我每天都在公园里工作，很开心。"听了这个小故事，相信大家会有所感触。我们可以感受到，保利物业的员工在景区里工作是开心的、有热情的、是愿意付出的、是有责任有担当的。从这个角度来说，我们4万员工秉承这样的文化传统，把全域模式落实下去，是我们最大的优势和资产。

张学良：如果说景区是城市的亮丽名片，那么城市的管理者以及参与管理的企业则是景区的一张张活名片。接下来，请大家针对未来景区发展存在的一些问题和建议做一些分享。

首先，请李然书记谈谈在未来的3年、5年，是否有预判景区在发展、治理方面存在新的问题？会不会提出一些新的要求？

李然：2023年2月《狂飙》热播之后，我们也在思考这个问题。《狂飙》是一部电视剧，无论哪一部电视剧都会被新的电视剧、新的影视作品所取代。在两三年前，《狂飙》还未播出时，江门市委、蓬江区委就高度重视对长堤历史文化街区的保护，并根据住建部有关老旧社区改造的实施意见做了设计规划。未来我们将从以下几个方面继续努力做好相关应对工作。

一是加强党建引领，健全网格化管理机制。江门从2022年4月开始实行网格化管理，一年多以来，我们的网格化管理在人、财、物等方面已经逐步配齐资源，现在已经较为成熟。下一步，我们可以进一步地从网格化管理方面去做实，并形成网格化管理机制。

二是进一步加强老旧小区的城市更新。为什么游客过来打卡拍照？我们认为电视剧只是一方面，还有另外一方面，就是这个地方激发了人们对20世纪七八十年代市民生活的怀旧情感，吸引他们的是江门这些南洋风格的骑楼建筑，同时又能品尝到江门本地的名小吃。那么这些内容，正是我们在老旧小区城市更新改造中一定要保留，并且继续发扬光大的历史文化记忆。

三是要把现在的网红经济变成GDP增量经济。这个地方并不大，才0.8平方千米，如何将一日游变成过夜游，甚至和周边的五邑地区景区联合起来，打造成两日游等，这是未来文旅发展战略的中心主题。

四是我们需要优化影视服务，让天然摄影棚升级为影视基地。其实长堤历史文化街区并不是第一次成为影视剧拍摄地，它也是几年前的电影《除暴》《误杀2》的主要取景地。我们正在研究影视拍摄服务业发展战略，相信在不远的未来，长堤文化街区影视拍摄服务会更加规范、到位，天然摄影棚也走向影视基地，长堤历史文化街区的影视产业发展会越来越好。

张学良：谢谢李书记。《狂飙》中有一句台词："我生于此，我长于此，我不愿意离开这个地方。"不仅原居民对于这一片故土有留恋，将来也会有游客、外来人对江门产生偏爱。

下面有请嘉善西塘旅游景区张海斌主任，讲一下西塘作为先行者遇到的一些新问题以及应对之策。

张海斌：我认为主要在以下几个方面。

一是游客消费习惯的转变。3年的新冠肺炎疫情，对旅游行业造成严重打击，随之游客的消费习惯、消费理念也发生了变化。2023年，我们重点在业态多样、商户招引、产业布局、游客体验等方面下功夫，不断寻求景区营收与游客需求之间平衡点。一方面，不断深化业态多元化，景区从单一门票销售不断向酒店住宿、美食餐饮、文创零售等多元业态转变，并强化品牌招引，招引多家知名旅游品牌落户景区。另一方面，持续推进"一园、一链、一场景"的汉服产业五年发展规划，每月开展汉服系列活动，并新招引开业汉服旗舰店百余家，不断深化游客体验。截至目前，西塘景区游客接待量已基本恢复至2019年同期水平。

二是古建筑安全问题。景区内25万平方米的明清古建筑群，是吸引游客驻足游览的关键，但房屋以砖木结构为主，存在一定程度的安全隐患。今年，西塘景区重点开展了廊棚及木质建筑加固工作，并通过技术手段实现景区全部建筑的安全动态监测及3D航拍建模，从源头上防范各类建筑安全问题发生。

三是消防安全问题。古镇内房屋紧密相连，一旦发生火灾后果不堪设想，消防安全一直以来都是安全工作的重中之重。围绕消防工作，西塘景区重新布控了弄堂线路，在景区周边公共区域统一规划集中充电点，最大限度杜绝了违规充电现象的发生。餐饮商家实现了燃气报警器、专用金属管及切断电磁阀等消防设备安装全覆盖。此外，还创新推进了景区民宿客栈、餐饮酒家布局消防喷淋，目前已实现喷淋安装率达100%。

张学良：接下来的问题抛给海珠湿地的蔡莹主任。面对未来，海珠湿地作为广州的城市"绿心"，在城市治理"三生"空间进一步融合方面，蔡主任能给我们一些展望吗？

蔡莹：作为城市中心湿地，过去10年我们的工作重点是在做生态保护和修复，未来的重点努力方向是要发挥湿地的生态价值。所以我觉得应该提出"湿地+"创新理念，赋予这块生态保护地更多的想象空间和实践空间。

比如"湿地+文化"。海珠湿地重视挖掘和传承包括"高畦深沟传统农业系统"在内的传统农业和节日文化遗产。海珠湿地端午节龙船景活动作为"湿地+文化"活动的典型案例，曾两次登上央视《新闻联播》，民俗文化通过海珠湿地这个平台更加鲜明、更加自信地展示出来。

又如"湿地+教育"。我们成立了自然学校，开发了几百个乡土课程，每周都有30场次以上的自然教育活动在这里开展，惠及周边地区的160万中小学生。我们承办的2023年全国自然教育大会将于今年7月8日、9日举行，同期举办的还有粤港澳自然教育讲坛暨嘉年华，将吸引来自全国各地从事自然教育的组织前来参加。

再如"湿地+康养"。在康养方面我们树立了自己的品牌，比如说生态马拉松、户外运动节、无痕旅游理念，陆陆续续在海珠湿地创设并传承下去。

张学良：生产、生活与生态的结合如何变成经济的价值？这一点对于基层政府以及保利物业来说，提出了新诉求与新挑战。我也在各地做了大量调研，各地都希望保利物业的角色能够再丰满一点，不仅能够进行物业管理，同时还能帮助他们招商引资，还能够带来一些产业赋能。长三角生态绿色一体化发展示范区正在积极推动"好风景变成好价值，生态价值变成经济价值"，姚总你在这方面一定有很多的想法，请你给我们介绍一下。

姚玉成：接下来我们对景区全域管理未来发展方向，做两方面展望。

一是刚才西塘张主任所提出的要求，那就是安全底线一定要守住，一定要做好。我们把它提到"全域安全"的高度，建快速响应部队，有3分钟、5分钟、10分钟的标准，限时一定要达到。我们要充分利用智慧化的手段，帮助我们建立立体的"天、地、人、网"结构，保证全域安全。

二是在文化赋能，包括生态保护、传统文化风貌保护方面、经营赋能方面、价值转化方面，我们也想做得更好更多。要急政府所急，想政府所想。从中国保利集团到保利发展，我们拥有丰富的相关多元化业态，有其他产业链。比如说我们有康养、展会、展厅资源，有教育资源；在中国保利集团还有很大的文化板块，有拍卖等业态。因为保利集团有自身的分工，保利物业本身不做自身经营范围以外的业务。但在接下来，我们也可以尽力整合系统内的资源，把产业链丰富化，能够给政府单位提供更好的服务。

展望未来，总的来说就是用"xin"做好服务，有两个"xin"：第一个"xin"是芯片的芯，用科技芯元素；第二个"xin"是心灵的心，我们要用心服务好客户、服务好政府、服务好市民。

张学良：感谢4位演讲嘉宾的精彩分享，我也简单做一个小小的总结。我个人感觉，在一座城市的发展中，景区是地方的一张名片、一个品牌。为了满足人民群众日益增长和变化的需求，景区的治理和服务也必须不断创新。在旅游行业率先提出的"全域旅游"和在公共服务领域提出的"全域服务"，本身就存在着理念的共通之处。当前，各个城市都在追求高质量发展、高品质生活、高效能治理、高水平开放的"四高"发展，而景区实际上就是高品质生活的承载地；"景区+物业"就变成了高效能治理的承载地；"景区+物业+产业"，就变成了所谓高质量发展的承载地。在旅游业迎来强劲复苏，旅游市场的发展越来越国际化、越来越市场化的时代背景下，如何做好景区文章，需要更多的赋能，也对景区的治理与服务提出了新的更高要求。对于游客来说，在景区的体验和感受，不仅来源于生态环境和配套设施，也来源于景区的治理、景区的服务。为了不断满足人民群众对美好生活的向往，景区的治理和服务也必须不断创新。在全域的景区范围，当景区的管理主体、服务主体和服务对象充分互动、彼此连接，共建共治共享的新格局也将推动景区走向一个新的文明高度，成为地方品牌响当当的人文名片。上海财经大学团队已经开展了深入研究，对于全球1000多个小镇进行了系统梳理，对于中国未来城镇景区的发展也将带来基于国际视野下的启发与借鉴。

谢谢各位景区以及社会治理的研究者、实践者，奋斗在一线身体力行，打造了一个个社会治理经典案例。

圆桌分享·摘录二

未来城市、未来街区
如何满足人民高质量需求

圆桌主持

陈晓运　广东省委党校决策咨询部主任、教授

圆桌嘉宾

瞿新昌　上海市人大代表、上海宝山南大地区开发公司监事会主席

熊志伟　广东省广州市海珠区赤岗街道党工委书记

廖敏超　衢州市城市投资发展集团党委书记、董事长、总经理

王妙妙　广东财经大学公共管理学院城市管理系主任

陈晓运：各位来宾，大家好！我们今天请到4位嘉宾，分别来自上海、浙江和广州。上海和浙江是习近平总书记工作过的地方，前段时间习近平总书记又视察广州。谈论未来的城市、未来的社区怎样满足老百姓美好生活的需要，从这几个城市去观察它、去思考它，十分重要、意义重大。

几位嘉宾来自基层一线、有非常丰富的经验和经历。满足老百姓美好生活的需要，要有实践者，也要有实干家，这两个方面碰撞到一起，顶层的要求和基层的实践便实现了结合。希望通过来自上海、浙江、广州的经验，能够为全国其他地方提供借鉴，在互学互鉴的过程中为推进基层社会治理现代化提供更多的范例。

首先，有请瞿老师。瞿老师曾经长期在街镇工作，先后在上海市的顾村镇、罗店镇担任过党委书记。我想向瞿老师请教的是：在这么多年的一线工作中，你认为为满足老百姓的美好生活需要，我们去推动工作，要抓

的关键点有哪些?

瞿新昌: 社会治理是一个系统民生工程,关系千家万户的幸福感、获得感、安全感和满意度。这项工作如果做得不好,就直接影响了党委政府在人民群众当中的威望,而我们现在碰到的困惑是什么?我们现在的基层治理干部在走好群众路线方面的经验还不丰富,存在不足,工作方式比较单一。群众对社会治理、享受美好生活的要求是多元的、是较高的,这一对矛盾就引起了我们在工作当中的一些困惑。所以,我们要不断地去探索,突破它。

我们基层团队里,"老办法不太用,新办法不会用,硬办法不敢用,软办法不顶用"。老百姓很直接、很务实,他不偷不抢,不怕你。什么党委书记、什么社区干部,我有钱,我不求你;但是有问题我要缠着你,解决不了问题我要骂你。在这种情况下,我们的能力水平提升体现在回答老百姓的问题。这方面我有一些工作体会。

第一,社区治理是一个重大民生工程、系统性工程,必须坚持党建引领,具体来说就是党委领导、政府主导、社会协同、公众参与、法治保障。这一系列的机制建立起来了,社会治理就进入了良性循环,工作也有了可靠的抓手。

第二,怎么让政府的公共服务能够精准有效地对接到老百姓的家门口,让老百姓近距离地享受到政府的公共服务?这关系到老百姓的获得感、幸福感。政府如果做好了,就有满意度。但是政府不是包打天下、包治百病的,关键点是要走好群众路线。

第三,老旧小区长期存在公共服务功能缺失,怎么解决?我们在推进老旧小区"穿衣戴帽"工程的同时,满足老百姓的增加停车位、老旧小区加装电梯等正当合理要求。比如每年至少给老旧小区加装100台电梯,这样就能让老年人在老旧小区里出行更加便利。同时,引进各类专业机构开展专业管理,提供专业服务。我在顾村镇和罗店镇工作的5年里,一直和保利物业合作。保利物业的服务已经延伸到社区服务的各个方面,已经从外延深入到内涵,是一种物业或者社区治理的系统性服务,提供公共服务产品,得到老百姓和党委政府的满意赞许。

第四,建立协商机制。我们建立了"三驾马车"的协商机制,包括居委会、业委会（或居民代表）、物业公司，对社区辖区发生的一系列事情进行沟通协商，形成合力。

第五，广泛地发挥社区志愿者和社区居民代表的参与作用，让社区治理成为人人为我，我为人人，实现"四个自我"，让社区老百姓自我管理、自我服务、自我教育和自我监督，真正成为社区主人。

陈晓运： 瞿老师的发言，让我们深受启发。上海隔壁就是浙江，也是习近平总书记工作过的地方，衢州更是习近平总书记多次指导过的地区，当地的社会治理工作可圈可点，我们今天请到了衢州城投的廖总，想请问廖总，在衢州多年的工作中，有哪些社会治理创新场景是你印象最深刻的？

廖敏超： 衢州位于浙江西部，有1800多年的建城史，是一座历史文化名城。在社会治理创新场景方面，我讲两个微观的案例。

一是衢州绿城礼贤未来社区。作为浙江省首批24个未来社区之一，围绕浙江省未来社区"一心三化九场景"建设要求，聚焦未来邻里、教育、健康、治理四大主场景设计，形成了"1+5"管理模式（1是综合态势一张屏，包含邻里、教育、健康、交通、服务、低碳场景的信息概览；5是综合安全、智慧交通、绿色能耗、社区治理和生活服务五大板块），有效实现社区管理提效、服务体验升级和基层治理下沉。

二是"邻礼通·三民工程"特色应用。衢州聚焦民情底数不清、民情沟通不畅、民生服务不优、基层组织不强等4个方面基层治理需求，打造了包含民情档案、民情沟通、为民服务、组织体系4个子场景的特色应用，打通基层智慧化治理"最后一公里"。

陈晓运： 谢谢廖总，为我们带来未来社区的分享。接下来请赤岗街的熊书记发言。作为广州地标的广州塔就在赤岗街，赤岗街是广州"城市会客厅"。这样一个国际化的都市区，是怎么样抓治理的？广州这些年开始推动的全域服务治理，如何在这个地方落地和推进？

熊志伟： 在介绍赤岗街道的治理之前，我先介绍赤岗街道的三个特点。

一是有美丽的景区。赤岗街道辖区内不仅有广州塔和海心桥，还有广州新建的领事馆区、美术馆、科学馆以及准备开工的博物馆。

二是有商业旺街，如丽影广场。

三是宜居宜业。赤岗街道不仅有珠江帝景等优质楼盘，还有发展前景良好的企业，如腾讯微信的总部。据我们统计，在赤岗街道辖区内企业就业的35岁以下人员超过25000人。

针对赤岗街道、特别是广州塔街区的治理问题，我们主要从以下3个方面入手。

一是与保利合作开展广州塔全域化治理试点。首先是坚持党建引领的方针。街道党工委就是这个地区的领导核心，所以党工委搭平台，基层党委发出了号召，行业党组织必须有所呼应，这是一个新时代的治理理念的体现。党建引领，才能统筹各方，在整个赤岗街道有7个厅级单位，其中有1个坐落在广州塔景区，此外还有广州塔景区的党组织以及社区党员志愿者。有了党建引领，就能把这么多组织聚集起来，为这个地区服务。

二是建立统一标准，实施规范管理。从前年开始，根据广州塔的实际情况，我们制定了一套广州塔品质提升的工作规范体系。12个部门互评，哪一个部门做得好或是不好，通过互评和社区党员评，就可以促进工作，起到很大的作用。

三是协同创新、科技赋能。因为广州塔是广州的名片，与广州市的形象紧密相关。运用科技赋能，就可以实现有序、规范管理，提高治理水平。比如红绿灯管理，我们采取了一些灯光标识，"地面绿，人可行；地面红，人禁行"，通过科技赋能来促进我们的管理工作改进。

在我们和保利物业这两年多的合作期间，我们不仅获得了2021年"广东省先进基层党组织"的称号，辖内景区也入选"2022年国家旅游科技示范园区"，是广东省首批入选景区之一。

陈晓运：这里不仅有广州最高的塔，还有最贵的房，基本上"最靓的仔"都在这里了。除了重要的地标建筑，广州塔景区的服务管理，特别是近年来政府和保利物业之间协同联动所取得的成就同样具有标志性。

王妙妙老师也在广州海珠区，天天都有机会观察海珠区的发展变化。请问王老师有什么体会？

王妙妙：广州推行全域服务治理给了我学习研究的机会，我们作为高校学者，从2021年开始跟踪调研和研究。刚才熊书记也说到赤岗的情况，每平方千米人口密度差不多3万—4万人，有的地区差不多达7万—9万人，可以看到治理的难度非常大。根据广州统计局的数据，2021年、2022年广州的城镇化率达到86%以上，2021年是86.46%，2022年是86.48%。看似城镇化率同比增长幅度不大，但是流入广州市的人口长期处于增长态势。人增加了，需求就凸显了，我们的治理难度就增加了。

同时，在超大城市和特大城市当中，城市治理面临5类分割的难题：一是空间分割；二是条块分割；三是层级分割；四是政府和企业的分割；五是线上和线下的分割。这种分割给政府、社会和市场协同合作造成很大的困扰。

所以，2021年广州出台全域服务治理试点工作方案。第一批试点是18个，今年是12个，加起来是30个。公布区域不只包括城中村，也有像广州塔、海珠湿地这类名片地区以及城乡接合部等区域。这些区域的治理成果，大家都可以看得到。全域服务治理为什么这么好用，又带来什么样的实惠？我们可以结合不同的主体的不同视角来看。

一是从享受治理成果并具有获得感的居民的视角看。我们调研时，居民提到在开展全域治理之前，从来没有看到街道像现在这么干净过。自从全域服务治理引入企业之后，不管居民有什么问题，他们都想办法帮助解决。比如居民装修时，企业帮居民选材料；居民缺乏装修资金，企业帮助联系银行办理分期贷款，以及免费帮助老年人维修家具。从这一点来看，模式试点后的居民生活确实是非常便利，居民特别有获得感、满意感。另外，试点工作可以给社区内的居民提供很多就业机会，比如可以让邻里的长者或是在家里带孩子的年轻女性应聘一些短期工岗位，让他们在社区里提供临时服务，按小时给他们付酬金。可以建立社区邻里关系调解员队伍，及时发现邻里纠纷，让他们去协调解决，这也是一种新时代的"枫桥经验"。

二是从社区的层面来看。我们去增城调研过程中，感觉到当地的社区支部书记特别能干，特别有想法。人居环境整治做了这么多年，不管是"三清三拆三整治"，还是"三线"下地、垃圾分类，都投入了大量的人力、物力。伴随这个过程，一些乡村和社区的房前屋后确实变得整洁了，也看不到堆放的杂物，但又出现停车难的新问题。随着收入水平的提升，居民汽车拥有量急剧增加，电动车数量更多，给城市治理带来包括消防安全风险在内的众多问题。在城乡接合部或者乡村社区，乱停车的现象非常多，导致消防通道堵塞，存在一些安全隐患。一些社区干部平时要做很多行政事务工作，或者需要进行社区巡查，总之有忙不完的琐事。如果企业进来了，就可以帮基层管理者做这些事务性的工作，让基层管理者有更多的时间和精力规划营造我们的社区。

三是从街道党工委的层面来看。要参与区和市里各项评估、评比，同时又要应对很多的信访、投诉、居民的需求，基层干部忙不过来。如果企业进来了，就可以解决很多专业性、事务性问题。白云区景泰街道自引入企业搞全域服务治理以后，信访量下降了65%。可以看出利用企业专业力量赋能社区服务治理工作之后，大大地提高了基层治理的效率，街道也很满意。

四是从企业的层面看。在我的调查过程中，发现企业很有责任感，从前期无条件接手进驻，即在没有预期收益的情况下就积极开展工作，了解市民的需求，谋划街区或者社区到底如何打造高品质、精细化管理的社区。他们对参与城市治理有很大的期许，投入巨大的热情和精力，哪怕是艳阳高照，也依然不停地去工作和沟通。

目前广州已开展共30个街道全域服务治理试点，但有一部分街道在没有试点的情况下也积极开展全域服务治理，还有很多街道尚未开展全域服务治理工作。应当按照全域治理的思维去推广，试点内和试点外都实现全域服务治理。从这个视角来看，一定程度上，广州的实践为中国式城市治理现代化和治理体系建设提供了典范，作出了广州贡献。

陈晓运：刚才我们听了来自上海、浙江、广州的社会治理经验。凡是过往，皆为序章，今天所做的，昨天所做的，都成过往，必须面向未来。未来城市、未来街区，需求在哪里？怎么应对？习近平总书记说社会治理的核心是人，人的需求未来走向哪里？我们想请瞿老师分享一下看法。

瞿新昌：今天有很多都是同行，包括城镇、街道的负责人以及在社会治理方面的专家学者，我们的共同话题就是对未来社区社会治理的方向引领。但如果只讨论一个问题将涵盖不了全部内容，因为它涉及硬件和软件。但有一条是共通的，就是以人为本。不管社会治理面积是10万平方米还是20万平方米，哪怕是1平方米也需要提供暖心服务，这是一致的。

在未来或者当下的社区治理，我认为要紧紧围绕"以人为本"的理念。因为政府的硬件设施、政府的制度保障、政策对接以及机构服务、智能化平台、技术手段可以广泛建设应用，但是以人为本是软件要求，有钱有物也帮不了，技术再好也不行。

我经历的社会治理实践当中，有高档社区，也有古镇、古村落、动迁基地。如上海大型动迁基地有十几平方千米，十几万来自四面八方的人集中在一个区里面，虽然同在一个区，但诉求各不同，怎么办？你在那里做党委书记，怎么做好社会治理？

我提出一个方案叫"四个三、五个融、六必访"。"四个三"，一是立足"三问"：问政、问计、问需于民。在社会治理当中，问政哪些方面、问计哪些方面？问老百姓的各种需求。二是坚持"三公"：所有社区治理包括一切工作坚持践行公开、公平、公正的原则，我们要法治思维，社区治理也有法治思维和法治理念。三是践行"三理"：即坚持法理、道理、情理的有机统一。有法理，但是情理上说不过；或是有了情理，道理上好像不大对，这些都不行。要坚持以法理为基础，做到法理、道理、情理的有机统一，这样才能使我们的工作水平和工作方法得到提升。四是解决"三最"：即解决老百姓在社区里面最关心、最直接、最现实的利益问题，帮他解决好就满意了。立足"三问"、坚持"三公"、践行"三理"、解决"三最"。

"五个融"是首先组织要融，就是在党的领导之下，实现多方主体的组织融合，"拧成一股绳"。除组织要融，还有思想要融合，感情要融洽，工作要融合，文化要融汇。在社区治理的系统工程当中，融入是关键，融入以后感情要融洽，大家都要开开心心，社区天天过年。社区老百姓很善良，他们的美好生活简单而直截了当，每天"一口二口咪咪，三步四步跳跳，五筒六筒摸摸，七搭八搭讲讲"。这就是他们的现实生活。我们一定要让他们感觉到党组织在身边，党员在身边，他们有依靠，他们有主心骨。

"六必访"，一是新进社区的人员必访，不访将来他们有问题就要上访；二是家庭有困难的必访；三是邻里发生纠纷的必访；四是对辖区提出意见建议的必访；五是对经济社会发展作出重要贡献的人员必访；六是领军人物和榜样力量必访。通过"六必访"，把整个社区凝聚起来成为和谐社区，让大家真正成为社区共建共享共治的主人，从而使整个社会和谐。

所以我认为"四个三、五个融、六必访"是社区治理的理念，也是行之有效的方法。

陈晓运：未来的城市怎么样？未来的街区怎么样？时代在变，但总有一些是没有变的。不变的就是党对未来城市、未来街区的领导，不变的就是党和老百姓鱼水情深，不变的就是我们要用创新方式为老百姓做好服务。未来，就像瞿老师说的，要"四个三、五个融、六必访"。

熊书记，我刚才听了"五个融"之后很受启发，我最想问的是过去一两年时间里，在政府、企业各方合力推动基层有效治理中，我们怎么样解决"融"的问题？

熊志伟：其实我们在推进基层治理时，也经常思考这个问题。打个比方，广州塔景区面积有1.65平方千米，涵盖了3个社区，社区里人口总共2.3万人，加上每天外地来的游客，大概是3万人，高峰时超过3万人，低谷时应该是2.5万人。他们每个人的需求不同，景区里的几个集团单位需求也不同。我们要提供好的服务，就要分析了解他们的需求。我们将人群分为两大类：一是本地人，二是游客。本地人有本地人的特色，珠江沿岸的都是高档住宅小区，常住人口对公共服务的要求较高。对于本地人，首先要提供好"近服务"（即周边服务），交通出行要便利。广州塔周边地区现在也算是一个比较多工地的地方，要想群众投诉少，交通必须便利，所以我们也进行了阅江路、艺洲路、广州塔路的微循环打通工作。同时，就近建设一些"口袋公园"，方便附近居民中的老人或者下了班以后有闲暇时间散步活动的人员去走走，也配备了一些健身器材。对于来广州塔、海心桥游览的客人，我们也要考虑其中有老人、有青年，体现出不同的侧重点。在保利物业以及城管的协同下，一些游客的不文明行为得到纠正。比如，前两年天气很热时，很多年轻人不穿上衣，睡在石凳上，这类不文明行为这两年已经基本上没有了。同时，我们在海心桥里设置了一个医疗点，里边放一些药物，以备老人突然不舒服等情况下的不时之需。

通过这些细节的服务，换来了周边老百姓对我们的服务工作的高度满意。据我们前年和去年的调查，99.9%受访者对于广州塔周边的服务都是很满意的。

陈晓运：感谢熊书记，在管理过程中相融，在服务过程中相融，在机制体制创新的过程中相融，这个过程非常关键。

王老师，政府和企业之间相互融合、推动创新服务的模式很好，可是它还存在一些需要去解决的问题。面向未来的需求，你认为从哪些方面破题比较重要？

王妙妙：第一个层面，我认为在推进全域治理或者城市治理进一步健康发展的过程中，企业本身比较积极，人民需要高质量的互动，所以我觉得这个过程中可以着眼以下几个方面。

第一，在进一步推进全域治理过程中，"放管服"还是非常重要的。城市层面有制度的保障，但是区层面应该要高度关注和行动起来，要做好全域治理过程中企业和社会公众的裁判员和服务员的角色。第二，在这个过程中，镇街是行政执行主体，这个主体的作用体现在什么地方？他们的协调性非常重要，市区要给他们赋予一定的事权和财权，这样可以更好地支撑全域治理的推进。第三，广州市成立了城市服务运营协会，要发挥协会的桥梁纽带作用，要让市民更多地理解、接受全域服务。

第二个层面，我认为政府的"放管服"政策要落实到具体组织机构上。各个地方一旦有创新举措，都会有这样的议事机构。这个议事机构的协调能力往往是比较弱的，此时需要建立市和区之间的联动会商常态化工作机制，要不断地推进工作，及时总结问题和部署问题解决方案。区内各部门之间，在区委、区政府的正确领导下，做好协调工作，尤其是协调解决好空间分割和条块分割造成的困难和矛盾，才能更好地支撑全域治理的发展。

实现城市治理健康可持续发展，要处理好政府、市场和社会之间的利益平衡关系。其实在城市的融合和治理过程当中，最关键的是城市服务企业如何更好地运营。对于企业来说，更多的是怎么样去解决利益平衡和自我造血的问题，在这个过程中，地方政府和基层的自治组织要积极主动地协调城市资源、闲置资源，支持企业进行自我造血。企业有了更好的收入回报，城市公共服务品质就会有提升的可能，居民就可能得到优质城市公共服务，他们也会更愿意去参与这个过程。同时也要看到，企业有了运营利润，也可以增加地方政府的税收。促进地方政府、企业、居民更好地参与全域服务治理，会形成一种良性循环，形成互相融合、共建共治共享的良好局面的社会经济基础。

陈晓运：王老师讲的几个点非常关键：第一，方向对了，我们就干，步子要更大一些。第二，要创，融合的过程是一个磨合，最后才能融合。第三，要落实。认准方向、发现机制，要努力地推动、解决一些过程中遇到的问题。

最后，还想问问作为城市总规划师的廖总，如何看待城市规划和城市治理的关系？

廖敏超：我从事规划工作21年了，也非常有幸来探讨这个问题。关于"规建管"与治理的关系。我认为"规建管"是治理的基础，但只有把城市治理好了，这座城市才真正有竞争力。衢州从2018年甚至更早就在做营商环境创造，2018年、2019年我们的营商环境都是位于前列的，现在我们也形成了全国的营商环境标杆城市。不断优化的营商环境，正是治理所要的结果。

在实际推进过程中，如何处理规划和治理的关系，我想结合以下几点分享自己的看法：

一是要运用好3个理念。既要贯彻新发展理念，又要坚持以人民为中心的发展思想，还要坚持问题导向、目标导向和结果导向相结合。二是要理解好规、建、管与治理的关系。统筹城市规划、建设和管理是提高城市治理能力的重要基础，而城市治理能力又是提高城市竞争力和营建人民幸福家园的核心关键。现阶段由原来的大规模增量建设转为存量提质改造和增量结构调整并重，城市更新既是转变城市开发建设的重要方式，更是城市治理的重要内容。三是要瞄准好落脚点。城市的社区营造是城市规划、建设、治理中最为重要的发力点，是人民幸福、城市活力、绿色低碳、共同富裕、基层治理的重要舞台。

陈晓运： 廖总提供的思路是未来的城市要实现有效规划，还是要坚持人民立场、问题导向、系统思维创新的方式方法。

各位来宾，4位嘉宾给我们贡献了很多智慧。过去已去，未来将至。群众的高品质生活需求是方方面面的，需要各级领导干部和企业家们有闯、创、干的精气神，也需要不断思考推进工作的方向、方式与方法。

写在后面的话

党的二十大提出以高质量发展推进中国式现代化。中国式现代化，是经济、社会、文化等方面协调发展的现代化，社会治理和公共服务的现代化是其中重要的内容。

与会专家嘉宾提出，市域治理的现代化，是探索和推进中国式现代化治理的主动力、主战场。市域治理的现代化，不仅是市域范围城市的现代化，同时也包括市域范围内的县域、镇域的现代化。优化市域治理，推进城市都市圈化、城镇城市化、城乡一体化等城乡融合发展举措，可以带动县域治理乃至整个社会治理的发展。市域城市中心区的空间业态多元化、服务群体多元化、治理主体部门多元化，其超高密度的社会治理需求和公共服务需求，对市域社会治理提出了高要求。在市域治理的实践中，网格化治理、智慧城市平台、全域化治理服务等现代化的治理方式不断涌现，并日臻完善。党建引领、网格化治理、智慧赋能等治理要素相得益彰，逐步形成稳定的治理模式。市域社会治理的创新探索，为县域、镇域的社会治理提供了参考和借鉴。

镇·智

保利物业：大物业时代的红色"星火"

吴兰玉　韦中华　张　蕖

作为一家具有央企背景、红色基因的物业管理服务综合运营商，保利物业并没有一味追求规模增速，而是在力争保持30%以上复合增长率的同时提出"响应度"战略，及时回应业户需求，提升服务品质。此外，积极贯彻党中央"关于加强基层治理体系和治理能力现代化建设"的要求，打造政府、物业和业主三方共建共治共享的"保利星火"党建品牌。

目前，保利物业已联建142家党政单位，在全国27个省市打造了90个星火社区，开展治理、党群和社区文化活动超750场，"星火模式"也逐渐在全国各大城市落地深耕，显示出治理成效。其中，11个项目获省部级"红色物业"示范小区荣誉，2个项目入选住房和城乡建设部、中央文明办公布的"加强物业管理，共建美好家园"典型案例。2020年"保利星火"课题研究成果获央企政研会优秀课题一等奖，2021年获评《人民日报》"新时代企业党建优秀案例"，2022—2023年连续两年获评全国企业党建创新优秀案例。2023年，保利物业荣膺"中国红色物业优秀企业"。

一、星火社区：共治+共享，"最后百米"服务基层治理

"大国之治"下的基层治理"大目标"，需要借力社区这类最基层、最微末的"小载体"来实现。保利物业依托打造星火社区，把党支部建到小区，党小组建到楼栋，实现物业、街道、业主三方共建、共治、共享，

打通服务"最后一百米"。

织密社区治理组织体系。"星火模式"发布以来，保利物业打造了90个星火社区，与43家街镇级以上党组织签订联建协议，协同政府在新冠肺炎疫情防控、创文创卫、普法宣传等多方面织密社区治理组织体系。通过"社区党委—网格党支部—楼栋党小组"三级贯通机制，逐渐串联起一张由点到线、由线到面的红色服务网络，联合政府推动社会治理和服务重心向基层下移。在政府宪法宣传周期间，"星火社区"联动开展"和院蒲公英"社区普法行活动，通过普法专题讲座和法律知识咨询深入开展普法宣讲，助力保利物业获评由中央宣传部、司法部、全国普法办颁发的"2016—2020年全国普法工作先进单位"。

完善多方议事协商制度。星火社区将协商议事作为服务基层治理的重要载体和实践形式，积极搭建党组织领导下的社区、物业和自治组织共同参与的民主协商议事平台，每季度至少与街道（社区）、居民代表召开一次党建联席会议，商讨小区治理中高空抛物、违建拆除等治理难题的解决方案，回应民生急难愁盼需求。

提升社区智慧管理质效。作为国内较早开展数字化转型的物业企业之一，保利物业选定拥有近7000户家庭的大型社区——广州保利西海岸作为试点片区，验证星火社区智慧服务模式的可行性。依托自主研发的"RADAR智慧安防"系统，打造天地人三网立体扫描模式，522个AI摄像头宛如一张"天网"覆盖整个园区，实现7×24小时全天候自动巡检；近4米的可视化超级大屏实现轮班监控，多次将"深夜飞贼"拒之门外。2023年2月以来，公安单位两度对社区安防队给予高度认可并颁发政府专项奖励。

二、星火楼宇：共创+共建，红色楼宇凝聚政企合力

保利物业以推动党建、营商、治理协同并进，促进楼宇经济高质量发展为目标，通过落位"123"星火楼宇运行机制，实现政企破圈融合。2021年，保利物业"星云企服"品牌被北京中指信息技术研究院评为"中国特色物业服务领先企业—商办服务品牌"，下属商业公司也两度获评"广州市物业服务行业党建示范企业"。

坚持党建引领，成立楼宇党组织联盟。推出《星火楼宇党建SOP手册》《党建引领共联共建工作指导手册》《爱心驿站建设指引》，共创楼宇党建运行机制。通过成立楼宇党组织，对楼宇内的党员实施有效管理。2021年，保利国际广场联动超100家企业党支部，制作《建党百年百企祝福手册》，借此打通企业沟通桥梁，搭建资源共享平台。2023年五四青年节期间，保利发展广场与广州市血液中心、工银安盛人寿保险有限公司等联合主办献血活动，吸引楼宇业户近50人参与，累计献血量超18000毫升，获得广泛好评。

聚焦两个功能，提供政务辅助和服务。聚焦政务辅助和服务功能，通过打造楼宇组织、宣传阵地，协助商办项目与街道政府高效沟通。2023年，海珠区妇联与保利物业签署共建协议，拟通过链接企业的多元化产品资源、妇联等社区团体的专业导师资源等，在保利国际广场内建设"星悦空间"，旨在为楼宇内女性提供专业赋能和人文关怀。

落位三项服务，构建可持续发展生态。以党务为本、服务为核、治理为魂，星火楼宇持续将楼宇党建落位至党务、政务、事务服务；围绕"一红一绿"建设，梳理产品手册，持续完善楼宇党建模式和双碳服务模式。保利中心落成近1000平方米的党员活动中心，为楼宇业户党建共联提供活

保利物业与海珠区妇联共建"星悦空间"

动阵地，成功获评"广州市物业服务行业楼宇党建示范点"，形成红色楼宇生态。保利发展广场内设政企服务中心，将政府服务窗口前移，累计服务超58家企业、4600人次，在提高政企沟通效率的同时为营商提效。2022年，推出星云礼宾红色讲解服务，提供城市展厅讲解110次、覆盖1221人次，助力打造粤港澳大湾区红色引擎。此外，保利物业协同楼宇服务供应商，成立行业首个"消碳联盟"，研发并上线"星云企服"小程序、引进商用环保净水设备、上线办公家具循环租赁方案、配备新能源汽车超充站等绿色服务助力低碳生活，并将零碳数智化的服务经验形成标准覆盖到商务办公楼宇、产业园区等楼宇建设和载体运营中。凭借出色的楼宇绿色服务实践，保利物业5个超甲级、甲级写字楼项目中，保利金融中心于2022年获评为市级"零碳数智试点楼宇"，2名业务骨干被授予"零碳数智专家"称号，在行业内树立绿色低碳楼宇服务标杆。

三、星火全域：网格+智慧，绣花功夫提升治理效能

广州海珠作为保利物业征程的起点，从1996年红棉花园在住宅业态的扎根，到伴随琶洲旧改形成的商办业态，再到广州塔景区、海珠国家湿地公园等公共业态的进驻，单区域在管项目超40个，覆盖住宅、商业、景

保利国际金融中心组织小学生参观花都城市展厅

区、行政机关等多元业态。针对服务场景升级，保利物业深化"党建引领+精细网格+智慧赋能"体系建设，锻造"国家超大城市星火全域服务模式"。2021年7月，时任广东省委主要领导点评广州塔景区："很好，就是要用'绣花功夫'抓好城市管理。"2023年，海珠国家湿地公园入选"国际重要湿地名录"、广州塔景区项目团队获评"中央企业青年文明号"。

精益管理，织密项目作战网格。针对广州塔景区管辖面积广阔、管理难度大等难点，保利物业精细绘制"广州塔景区项目作战地图"，将1.65平方公里规划为10个网格进行管理。广州塔核心区内的财富码头，年接待游客高达260万人次，安全管理要求较高。项目团队采取24小时全时段巡逻值守，增加网格员的布岗密度，仅在其中一段2千米的区域内就布置了30人进行值守，实现重大节假日零安全事故。

智慧赋能，构建一网双达模式。为实现海珠全域板块智慧建设的需求，保利物业积极响应"数字中国"国家战略，以"响应度"作为衡量物业本质价值的核心能力，上线"雷达"系统，以数字化治理手段实现广州塔景区"可观、可感、可调度"。系统通过抓取景区内包括客流、车流、管理人数、视频摄像头数量等实时数据，在发生安全应急事件时能够第一时间响应。2023年5月，从海珠财富码头网格长发现游客落水到成功救起

广州塔项目网格员抢救落水游客

游客，全程耗时仅180秒。

专业运维，提供重大活动保障。博鳌亚洲论坛、广交会、中国工艺美术馆、2023赛季中超联赛……保利物业多次为大型会议、国家级场馆、地标性建筑和大型赛事提供专业服务。2021年，博鳌亚洲论坛期间，保利物业服务礼宾护卫人员的风采获得《国际金融报》《中国青年报》等媒体报道。2023年，第133届广交会时隔两届线上举办后首次恢复线下举办，总展览面积约150万平方米，展位数量近7万个，参展企业超3.5万家，为历届规模之最。保利物业全域化为广交会提供交通疏导、"六乱"整治和D区展馆安防、工程等服务，为展览保驾护航。2023年4月15日，北京"新工体"随中超联赛一同揭幕，开幕式和首场比赛观众高达4.6万人，保利物业为场馆提供大型赛事设备保障、网格化维修保养，助力2023赛季中超首战完美亮相。

在加快向高质量发展模式转型的同时，保利物业积极结合"星火党建"探索出全域服务发展路径，实现"住宅+商写+公服+增值服务"的"四轮驱动"。未来，随着"大物业"脚步的迈进，保利物业将持续完善"保利星火"党建体系，推进物业服务融入社会治理创新，不断推进基层治理能力、治理方式现代化。

保利物业团队为广交会提供综合保障服务

全域服务，助力破解"县域治理"难题①

靳　勤

自从中国历史上有"县"以来，"郡县治而天下安"就成为社会的共识。

今天的县域，占地面积占中国国土面积的89%，人口占户籍人口的70%。曾经担任过河北正定县委书记的习近平总书记，在《从政杂谈》中提及："如果把国家喻为一张网，全国3000多个县就像这张网上的纽结……国家的政令、法令无不通过县得到具体贯彻落实。因此，从整体与局部的关系看，县一级工作好坏，关系国家的兴衰安危。"

2022年中共中央办公厅、国务院办公厅印发《关于推进以县城为重要载体的城镇化建设的意见》（下文简称《意见》），提出了县城建设的总体要求：尊重县城发展规律，统筹县城生产、生活、生态、安全需要，因地制宜补齐县城短板弱项。在《意见》中，明确了县城建设的5个方面：培育发展特色优势产业，稳定扩大县城就业岗位；完善市政设施体系，夯实县城运行基础支撑；强化公共服务供给，增进县城民生福祉；加强历史文化和生态保护，提升县城人居环境质量；提高县城辐射带动乡村能力，促进县乡村功能衔接互补。

《意见》中的5个方面，针对的是县城的短板弱项问题，也是县城建设普遍存在的问题。5个方面出现的问题，环环相扣。如果县城没有特色

---

① 原文参见《城乡建设》2022年第14期。

优势产业，无法提供足够的就业岗位，也就吸引不住人才，导致经济发展滞后、财政能力有限，接下来就难以支撑市政设施的完善和公共服务的供给，进而影响到市容市貌、社会治安、文化氛围。自身发展滞后的县城，也就不具备辐射带动乡村的能力。最终，在整个县域范围之内，无法让人民群众满意。

让县域的人民群众获得幸福感、安全感、获得感，需要从政治治理、经济治理、社会治理、生态治理、文化治理等角度，全面提升县域治理水平，支持县域的高质量发展。

习近平总书记指出："一个县也可以说是一个小社会。'麻雀虽小，五脏俱全'，中央有什么机构，县一般也有与其大体相对应的部门。县一级工作，从政治、经济、文化到老百姓的衣食住行、生老病死，无所不及。"在一个县域范围之内，有县城、小镇、乡村，也有社区、景区、学校、医院、交通场站等场景。县域治理，具有复杂性和多样性的"全域治理"的特征。同时，在国家治理体系中，县域治理又是一个承上启下的节点，"上面千条线，下面一根针"。在县域范围内，做到绣花一样的精细治理，对于县域治理的政府主体来说，必然是一个巨大的考验。

县域治理，只有改变政府作为治理主体 "势单力薄"的局面，鼓励城乡居民、社会组织和市场主体共同参与，形成"共建共治共享"社会治理新格局，才能从根本上解决县域治理问题。《意见》中特别指出，充分发挥市场在资源配置中的决定性作用，引导支持各类市场主体参与县城建设。近年来，物业企业在新冠肺炎疫情防控中发挥了重要作用，物业服务协同治理的价值日益凸显，是一支值得县域治理所重点关注的协同力量。

作为央企物业的龙头企业——保利物业，在业内率先倡导物业服务协同社会治理。经过多年的实践探索，保利物业提供的服务，从社区走向街区，从城市进入乡镇，构建了"全域服务"能力。在浙江嘉兴的嘉善县，保利物业现已服务嘉善县城以及嘉善县辖下的5个城镇，在县域层面落地了全域服务。在全域服务的协同之下，嘉善县的西塘景区从4A级景区升级为5A级景区，嘉善县姚庄镇、西塘镇等城镇在"平安创建优秀镇"榜上有名。

结合县域治理的短板问题、难点问题，保利物业的全域服务，可以在

城镇全域服务中的网格员，一岗多责，协同城镇基层社会治理

以下几个方面，提供有效协同。

一是产业服务。一方面，保利物业通过全域服务提升城市风貌，为产业的导入和发展，营造良好的营商环境。在嘉善县的西塘景区，保利物业推动景区内商户营业执照申办完成率高达99.97%，为当地旅游产业营造了文明有序的经营环境。另一方面，保利物业通过自身拥有的资源，为县域产业提供增值服务。对于旅游强县，保利物业面向数百万高净值业主群体进行推广，为县域旅游"导入流量"；对于农业强县，保利物业通过自身的电商平台，为特色农产品"从田间到社区"提供渠道。同时，保利物业也连接着中国保利集团的地产、建筑、文化、旅游、商业、养老、教育等众多产业资源，可以为县域产业导入提供支持。

二是人才服务。保利物业为县域提供的全域服务，涉及服务、市场、职能、科技等多种岗位，为当地居民就业创造机会。在高校毕业生就业面临巨大压力之时，来到县域的保利物业，让返乡的大学生在家门口就能加入知名的央企物业，接受专业的培训，获得广阔的发展空间，让人才留在县城、留在家乡。保利物业连续举办多年的"星火班"助学公益活动，就为多个山区的县域培养了现代服务专业人才。

三是生态环境服务。拥有环卫一体化专业公司（保利环境）的保利物业，可以为县域的社区、街区、景区、城镇、学校、医院、交通场站、政府办公楼等提供专业的环境卫生服务。保利物业已经在一线城市进驻湿地公园，在水质监测、土壤治理、生态保护等方面积累了丰富的经验，可以把一线城市的生态环境治理经验，结合县域的特点，进行复制落地。在嘉善县，保利物业深度参与天凝镇的水系综合整治工作，全面负责水域保洁、捕鱼作业监管、污水排放监督，并进行水质检测、水质多重净化。

四是安全秩序服务。保利物业通过党建引领，打造红色物业星火模式。将保利军旅文化的执行力融入安全服务，构建"星火站、星火连、星火哨兵"的立体体系。并通过网格化管理，对服务区域进行网格划分，与在线的智慧数据平台进行连接，实现线下服务与线上指挥的联动。在嘉善县的西塘古镇，保利物业在安全服务中融入"党建、智慧、网格"，做到了"一网观全镇"。在新冠肺炎疫情防控等公共安全应急事件面前，保利物业充分展现军旅文化的执行力，在短时间内就可以组织数百人的队伍，成为当地政府应急防控的机动力量。

五是配套公共服务。保利物业通过整合自身的资源、大物业生态平台合作伙伴资源、中国保利集团的资源，可以为县域治理提供养老服务、教育服务、健康服务等配套公共服务。人口老龄化问题所带来的养老问题，是县域治理特别关注的问题。保利物业与保利发展控股集团旗下的养老服务板块合作，可以为县域导入高品质的养老服务。

县域治理，是一个延续2000多年的社会治理课题。在中国新时代的进程中，随着新型城镇化、乡村振兴的推进，人民群众对美好生活品质追求的提升，新时代的县域治理也将是一个全新的社会治理课题。保利物业愿以央企物业的责任感和使命感，为新时代的县域治理新课题的破题、解题，提供央企物业的能力、经验和资源支持。

数字技术赋能"镇域治理"
助力"乡村振兴"①

靳　勤　张世良

2022年，浙江省率先提出"未来乡村"概念，以党建为统领，以人本化、生态化、数字化为建设方向，打造未来产业、风貌、文化、邻里、健康、低碳、交通、智慧、治理9大场景。其中，在智慧场景中，推动更多农业生产、经营、服务、监管等多跨场景落地应用，迭代乡村教育、健康、养老、文化、旅游、住房、供水、灌溉等数字化应用场景，推动城乡公共服务同质化。浙江省的"未来乡村"概念描绘出了一幅数字技术全面赋能乡村振兴的全景图。数字技术正在伴随着社会治理重心向基层的下移，伴随公共服务均等化的趋势，从城市走向乡村。

一、数字乡村的发展现状

根据《第49次中国互联网络发展状况统计报告》，我国农村网民规模已达2.84亿，农村地区互联网普及率为57.6%，城乡上网差距继续缩小。随着微信、淘宝、抖音等应用软件在乡村的普及，农村电商、数字旅游、在线直播也已走进乡村。2021年全国农村网络零售额达2.05万亿元，农产品网络零售额4221亿元。

但与城市相比，乡村的数字化基础设施还不够完善，网民覆盖度还不

---

① 原文参见《城乡建设》2022年第18期。

够高，乡村居民的数字化素养有待提升。尤其需要关注的是，数字技术在乡村社会治理和公共服务领域的运用，尚处于起步阶段，"一网统管，一网通办"等数字化治理方式，在大部分乡村领域还未落地。

乡村治理，关乎基层社会治理的"最后一公里"。乡村治理的现代化，也是推进国家治理体系和治理能力现代化的重要内容。通过数字技术赋能乡村治理，推进数字乡村建设，将建立灵敏、高效的现代乡村社会治理体系，开启城乡融合发展和现代化建设新局面。

二、数字技术赋能社会治理：从城市到城镇

《数字乡村发展行动计划（2022—2025年）》提出，坚持数字乡村与新型智慧城市一体设计、协同实施，推动城乡信息基础设施互联互通、产业生态相互促进、公共服务共建共用；推动"互联网＋政务服务"向乡村延伸。在城市范围，数字治理起步较早，发展更为成熟。正在推进的数字城市可以为数字乡村的发展提供基础平台共享、运营经验支持。通过城市的数字化带动乡村的数字化，从城乡一体化的角度统筹规划数字化在城乡领域的全面落地，是推动乡村数字化发展的重要举措。

从数字城市到数字乡村，数字技术在乡村的落地，将会是一个循序渐进的过程。城镇，一方面连接着城市，一方面连接着乡村，是城市与乡村之间的连接关键点。数字技术从城市传到乡村，需要依托城镇的关键点。通过城镇辐射乡村、带动乡村，是数字化赋能基层社会治理的全域化"镇域"视角。

整体上来说，数字技术在镇域治理领域的落地，尚处于探索阶段。浙江枫桥镇、西塘镇等城镇，在数字治理方面开展了一系列探索，走在时代的前列。以西塘镇为例，城镇社会治理引入了保利物业公共服务，城镇数字化治理也引入了保利物业的智慧公共服务平台。通过网格化管理和智慧化平台的线上线下联动，提升服务效率，优化服务动作，实现公共服务的可观、可感、可触达，推动公共服务由人力密集型向人机交互型转变，由经验判断型向数据分析型转变。

三、镇域治理数字化：以人为核心

（一）以人为核心，因"镇"而异

大城市的社会治理数字化，虽然在平台和经验方面，可以为小城镇提供赋能，但小城镇不能简单复制大城市的平台和经验。城镇，体现城乡二元结构，既有城市场景，又有农村场景。城镇的数字化治理平台和经验，可以借鉴城市的基础技术平台和城市场景运营经验，但也需要结合城镇和农村的实际需求，规划城镇治理的数字化。

不同的城镇，特点不一，对数字化治理的需求也不尽相同。我国拥有2万多个建制镇。不同地区的经济发展水平、产业结构、地方文化存在较大差异，数字化基础水平也参差不齐。"千镇千面"，以一种通用的城镇数字化治理模式满足所有城镇的需求，显然是行不通的。以人为核心，镇域治理数字化需要关注到不同城镇的具体条件和情况，做到因地制宜。

以西塘镇为例，由于城镇范围拥有西塘古镇景区，因此景区治理就成为城镇治理所关注的重要内容。景区背后的智慧平台，通过交互地图，将景区细分成多个微网格进行管理。大屏上的所有数据均由感知设备实时采集，环卫一体化、人车物信息、商户画像、突发事件等信息均可在地图中展现，数据实时更新。在景区内，当网格员发现有游客落水，一键上报至智慧平台，平台立即通知附近的网格员赶到现场支援。网格员与智慧平台的人机协作，让"3分钟应急救援机制"得以落地。智慧平台也可以搜集数据并进行分析，排查出容易产生安全隐患的重点部位，结合真实GIS卫星数据，通过科学部署，实现常态化加强巡查管理。

（二）以人为核心，从"人"的需求出发

以人为核心，需要从人的真实需求出发，关注人的真痛点、真需求，才能让镇域数字化治理真正"管用""实用"。如果只是为了追逐潮流、彰显政绩，关注的需求可能就是弱需求、伪需求，最终让数字治理成为形象工程、盆景工程。关注人的需求，一是要关注服务对象的需求，二是要关注服务者的需求。

关注服务对象的需求，需要关注镇域范围内两种服务对象的多层次需求。在镇域治理范围，服务对象包括城镇居民和农村居民，二者的需求存在差异。城镇居民的需求，较为接近城市居民的需求；农村居民的需求，则带有熟人社会的"乡情"特征。数字化在镇域治理的应用，不是冷冰冰的数字和工具，需要关注到服务对象心理层面的需求。例如，在天凝镇农贸市场，保利物业关注到城镇居民对食品安全的关切，将农贸市场的数据信息上传到当地食品安全网和数据大屏，让城镇居民买得放心、吃得安心。

关注服务者的需求，需要关注服务者的使用体验和运营能力。服务者是镇域数字化平台、工具的使用者，也是数字治理和服务的运营者。在使用数字化平台和工具的过程中，如果体验不佳，将会影响服务者继续使用数字技术的积极性。同时，服务者对于数字技术的掌握，需要一个学习和适应的过程，只有服务者熟练掌握数字技术的技能，才能更有效发挥数字技术的赋能作用。

（三）以人为核心，共建、共治、共享

共建、共治、共享的治理新格局，同样适用于镇域数字化治理。只有通过共建、共治、共享，才能实现数字化平台的共建、数据资源的互享，最终有效支持"以人为核心"的共治。

镇域数字化治理平台的建设，需要镇域基层政府具备开放思维，充分整合省域、市域、县域的数字化平台资源，并与数字技术公司和服务公司探讨合作，实现多方主体共同参与，共同建设镇域数字化。让专业的人做专业的事，避免重复建设、无效建设。

数字化平台上的数据资源，需要整合互通。只有乡镇基层治理主体的不同部门、机构间实现数据互通，并以开放姿态与科技企业、服务企业的

保利物业人员在天凝镇农贸市场为居民监测食品安全

数据实现联通，才能有效地为城镇治理的大数据分析提供数据资源，才能让镇域数字化平台有效运转。例如，枫桥镇的数字化治理取得良好成效，就与其重视数据资源整合密切相关。

在保利物业的实践过程中，始终围绕"以人为核心"推进数字化建设，赋能全域服务，协同镇域治理。通过"一揽子"全域服务方案，整合城镇的多项公共服务，实现服务数据之间的共享互通，为城镇治理数字化的"一网统管"提供有力支持；倡导"装配式"服务理念，通过标准化服务模块的组合，满足城镇公共服务的定制化；秉持"生态化"理念，通过物业企业与科技企业共建"数字公服"平台，与政府"数字治理"平台进行兼容、互补。

数字技术将从城市走向城镇，赋能乡村治理，助力乡村振兴。作为城市和乡村的关键连接点，城镇在数字技术的传导方面，发挥着重要作用。未来的镇域治理数字化，将是因地制宜的规划，从需求出发的设计，鼓励多方主体参与，探索有中国特色的基层社会治理创新。

镇·迹

2018年：第一届镇长论坛

范恒山现场演讲

第一届镇长论坛现场

2019年：第二届镇长论坛

张学良现场演讲

第二届镇长论坛现场

2020年：第三届镇长论坛

张大卫现场演讲

吴兰玉现场演讲

2023年：第四届镇长论坛

仇保兴现场演讲

第四届镇长论坛现场（左起：陈晓运、瞿新昌、熊志伟、廖敏超、王妙妙）

后 记

　　2018年，第一届镇长论坛在浙江嘉善举办；2023年，第四届镇长论坛在广州海珠举办。每一届镇长论坛，都汇聚了全国各地的理论专家、学者、嘉宾，高朋满座，畅谈、发表治理理论研究新成果和治理创新新思维。吸引了来自城镇（街道）长期从事社会基层治理工作和理论研究的领导与专家欢聚一堂，带来了实践层面治理模式、方法探索成果和基层治理一线新经验、新视角和新观察。每一届镇长论坛，都产生了丰硕的成果，既让与会者收获满满，也通过传媒的力量广为传播，让社会各界感知城镇治理新动向，启发城镇治理新思维，引领城镇治理新方向。

　　作为4届镇长论坛的承办方之一，保利物业非常荣幸与政界、学界结成亲密合作伙伴，一道参与镇长论坛的筹备与执行，共同打造高端镇长论坛新品牌。

　　在镇长论坛的举办过程中，我们也不止一次听到与会嘉宾提出的一项建议：镇长论坛汇聚了如此丰富的城镇治理创新"智慧"，应该结集成书，对镇长论坛的"智慧"进行系统的集纳，形成城镇治理宝典，让那些没有莅临现场的读者们也能汲取论坛的营养。

　　2023年第四届镇长论坛举办结束后，保利物业便联合上海财经大学、南方杂志社筹备本书出版工作。走过4届历程的镇长论坛，在汇集专家观点、实践智慧的"总量"方面，已经达到了相当丰富的程度，足以让各位读者见识中国城镇基层治理领域的"千姿百态"。同时，纵观镇长论坛所跨越的时间维度，中国城镇基层治理领域的实践创新与理论创新在不断产生，也足以让各位读者结合切身体会，感受中国式现代化在基层社会治理领域不断跳动的时代脉搏。

镇长论坛是由政、产、学、研等各界共同打造的一个互动与交流的平台，体现了"共建共治共享"，为中国城镇（街道）治理提供了一项"公共服务"。在镇长论坛的策划与执行过程中，上海财大的吴胜男、费婷怡、郑臻、秦唐、杨焕焕、潘婷、韩慧敏，保利物业的何礼、伍妞、侯靖、宋斌亮、韩春、穆静、刘楷、葛志坚、曾纯、刘敏珊、杨健平、郝健男、张阁、廖楚瑜、付瑜琦、陈子轩、王诗宇、王瑶、吴彬、毋建军、李敏、许妹、李健、黄宇洁、招琛彤、孙其轩、陈潇禾等同志付出了很多努力。多元主体的共同参与，为论坛活动的顺利举行提供了有效保障。而从镇长论坛的举办到本书的出版，也并非一个对相关内容材料予以简单汇总的过程。各位参与镇长论坛现场分享的专家和嘉宾，在百忙之中对文稿内容进行修订、补充。同时，本书得到广东人民出版社的大力支持，出版社编辑赵璐、麦永全、张榆琳，为本书的编辑工作辛勤付出。在此，向所有关心和支持镇长论坛的各级领导、专家、嘉宾和工作人员，一并致以谢意！

由于时间仓促，加上我们的水平和能力有限，文中不当之处，敬请各位读者和有关专家不吝批评指正。

编者